D1699271

wbk Forschungsberichte
aus dem Institut für Werkzeugmaschinen
und Betriebstechnik
der Universität Karlsruhe
Herausgeber: o. Prof. Dr.-Ing. H. Victor

6

Michael Müller

Zerspankraft, Werkzeugbeanspruchung und Verschleiß beim Fräsen mit Hartmetall

Mit 102 Abbildungen

Springer-Verlag
Berlin Heidelberg New York 1982

Dr.-Ing. Michael Müller

Institut für Werkzeugmaschinen und Betriebstechnik
Universität Karlsruhe

Dr.-Ing. Hans R. Victor †

o. Professor am Institut für Werkzeugmaschinen und Betriebstechnik
Universität Karlsruhe

ISBN 3-540-11506-4 Springer-Verlag Berlin Heidelberg New York
ISBN 0-387-11506-4 Springer-Verlag New York Heidelberg Berlin

ZERSPANKRAFT, WERKZEUGBEANSPRUCHUNG UND VERSCHLEISS BEIM FRÄSEN MIT HARTMETALL

Zur Erlangung des akademischen Grades eines

DOKTOR–INGENIEURS

von der Fakultät für Maschinenbau
der Universität Karlsruhe (TH)
genehmigte Dissertation

von

Dipl.-Ing. Michael Müller

aus Karlsruhe

Tag der mündlichen Prüfung: 2. November 1981

Hauptreferent: Prof. Dr.-Ing. W. König, Aachen

Korreferenten: Prof. Dr.-Ing. H. Grabowski, Karlsruhe

Prof. Dr.-Ing. J. Schmidt, Karlsruhe

Vorwort

Die vorliegende Arbeit entstand während meiner Tätigkeit als wissenschaftlicher Mitarbeiter und Angestellter am Institut für Werkzeugmaschinen und Betriebstechnik der Universität Karlsruhe (TH).

Herrn Prof. Dr.-Ing. H. Victor, dem verstorbenen Leiter des Instituts, bin ich für seine Unterstützung und Förderung während der Durchführung dieser Arbeit zu großem Dank verpflichtet.

Herrn Prof. Dr.-Ing. W. König, dem Leiter des Lehrstuhls für Technologie der Fertigungsverfahren am Laboratorium für Werkzeugmaschinen und Betriebslehre der RWTH Aachen, danke ich für seine sofortige Bereitschaft, nach dem Tod von Prof. Victor das Hauptreferat dieser Arbeit zu übernehmen, für die zügige und kritische Durchsicht, sowie für die sich daraus ergebenden Anregungen.

Mein Dank gilt ebenso den Herren Prof. Dr.-Ing. J. Schmidt und Prof. Dr.-Ing. H. Grabowski für die eingehende Durchsicht dieser Arbeit.

Herrn Prof. Dr. rer. nat. E. Macherauch danke ich für die Unterstützung beim Abschluß dieser Arbeit und für seine Mitwirkung bei der mündlichen Prüfung.

Dem VDW danke ich für die finanzielle Unterstützung eines Teils der Versuche, die dieser Arbeit zugrunde liegen.

Besonders möchte ich mich bei allen Mitarbeitern des WBK, den Hilfsassistenten und Studenten bedanken, die mir bei der Durchführung dieser Arbeit geholfen haben.

Fürth, im Januar 1982

- 9 -

INHALTSVERZEICHNIS

Seite

0. BEZEICHNUNGEN UND ABKÜRZUNGEN 13
   0.1 Bezeichnungen 13
   0.2 Abkürzungen 17

1. EINLEITUNG 18
   1.1 Vorbemerkungen 18
   1.2 Stand des Wissens 19
       1.2.1 Verfahren Fräsen 19
       1.2.2 Zerspankraft beim Fräsen 19
       1.2.3 Die Werkzeugbeanspruchung bei der spanenden Bearbeitung 23
       1.2.4 Der Werkzeugverschleiß beim Fräsen 25
       1.2.5 Standzeitfunktionen 27
   1.3 Aufgabenstellung und Abgrenzung des Versuchsbereichs 30

2. VERSUCHSDURCHFÜHRUNG UND MESSGERÄTE 31
   2.1 Versuchsmaschine 31
   2.2 3-Komponenten-Meßplattform 34
       2.2.1 Allgemeine Anforderungen 34
       2.2.2 Ausgeführte Anlage 37
   2.3 Datenerfassungsanlage 41
       2.3.1 Hardwarekonfiguration 41
       2.3.2 Softwarekonfiguration 44
   2.4 Verschleißmessung 48
       2.4.1 Verschleißmessung mittels kapazitivem Verschleißsensor 48
       2.4.2 Verschleißmessung mittels Meßmikroskop 53
       2.4.3 Rasterelektronenmikroskop und Mikrosonde 57
   2.5 Versuchswerkzeuge und Versuchswerkstücke 58
   2.6 Fehlerabschätzung 62

Seite

3. ANALYSE DER MECHANISCHEN UND THERMISCHEN
   SCHNEIDTEILBEANSPRUCHUNG BEIM FRÄSEN   64

3.1 Belastung des Schneidteils durch äußere Kräfte   65
    3.1.1 Grundlagen   65
    3.1.2 Zerspankraftkomponenten und ihre
       Einflußgrößen   70
       3.1.2.1 Berechnung der Zerspankraft-
            komponenten beim Fräsen   70
       3.1.2.2 Einfluß des Fertigungsverfahrens   74
       3.1.2.3 Einfluß des Fräsverfahrens   77
       3.1.2.4 Einfluß der Schnittgeschwindig-
            keit   82
       3.1.2.5 Einfluß der Werkzeugwinkel   87
       3.1.2.6 Einfluß des Werkstoffs   90
       3.1.2.7 Einfluß des Kühlschmiermittels   90
       3.1.2.8 Einfluß des Werkzeugverschleißes   93
    3.1.3 Berechnung der Zerspankraftkomponenten
       an vollbestückten Fräsern   101
3.2 Mechanische und thermische Beanspruchung
    des Schneidteils   106
    3.2.1 Mechanische Beanspruchung des Schneid-
       teils durch äußere Kräfte   106
       3.2.1.1 Berechnungsmethode   106
       3.2.1.2 Randbedingungen   112
       3.2.1.3 Aufbau des Rechenmodells
            (MFE-Netz)   114
       3.2.1.4 Ergebnisse der MFE-Berechnungen   116
            3.2.1.4.1 Verformungen   120
            3.2.1.4.2 Spannungsverteilung
                bei neuwertiger
                Schneide   122
            3.2.1.4.3 Spannungsverteilung
                bei verschlissener
                Schneide   126
            3.2.1.4.4 Hauptspannungsrich-
                tungen   132

Seite

3.2.1.4.5 Folgerungen aus den
MFE-Berechnungen im
Hinblick auf die
Geometrie und den
Verschleiß des
Schneidteils   134

3.2.2 Thermische Beanspruchung des Schneidteils   135
3.2.2.1 Grundlagen   135
3.2.2.2 Wärmeleitungsmodell und Randbedingungen   136
3.2.2.3 Temperaturverlauf und temperaturbedingter Spannungsverlauf
im Schneidteil   140

4. ANALYSE DES VERSCHLEISSPROZESSES BEIM FRÄSEN   148

4.1 Systemanalyse   148
4.2 Verschleißmechanismen   152
4.2.1 Abrasion   153
4.2.1.1 Grundlagen   153
4.2.1.2 Meßstellen und Darstellungsmöglichkeiten   155
4.2.1.3 Freiflächenverschleiß   156
4.2.2 Plastische Deformation   168
4.2.2.1 Grundlagen   168
4.2.2.2 Erscheinungsformen   169
4.2.3 Rißbildung   170
4.2.3.1 Grundlagen   171
4.2.3.2 Berechnungsmöglichkeiten   174
4.2.3.3 Rißverlauf   178
4.2.3.3.1 Kammrisse   178
4.2.3.3.2 Querrisse auf der
Spanfläche   181
4.2.3.3.3 Querrisse auf der
Freifläche   182

Seite

4.2.3.3.4 Verschleißformen beim
          Einsatz von Kühl-
          schmiermittel   183
4.2.4 Diffusion   186
      4.2.4.1 Grundlagen   186
      4.2.4.2 Meßstellen   189
      4.2.4.3 Kolkverschleiß   190

5. VERSCHLEISSMODELL   193

   5.1 Analytische Beschreibungsmöglichkeiten von
       Verschleißvorgängen   194
   5.2 Entwicklung eines Modells zur Beschreibung
       des Freiflächenverschleißes beim Fräsen   195
   5.3 Bestimmung der Parameter der Verschleiß-
       funktion   199
   5.4 Gegenüberstellung gemessener und berechneter
       Verschleißkurven   203
   5.5 Kurzprüfverfahren zur Berechnung des Frei-
       flächenverschleißes für die Anwendung in
       der Praxis   208

6. ZUSAMMENFASSUNG   212

7. SCHRIFTTUM   214

0. BEZEICHNUNGEN UND ABKÜRZUNGEN

0,1 Bezeichnungen

Zeichen	Dimension	Bedeutung
A	%	Bruchdehnung
a	µm	Rißtiefe
a	cm^2/s	spezifische Temperaturleitfähigkeit
a_e	mm	Eingriffsbreite
a_p	mm	Schnittiefe
b	mm	Spanungsbreite
C	-	Konstante
c	-	bezüglich Schnittrichtung
cn	-	bezüglich Schnittnormalrichtung
c_p	J/g·grd	spezifische Wärme bei konstantem Druck
D	mm	Durchmesser
E	N/mm^2	Elastizitätsmodul
F_i	N	Komponente der Zerspankraft
		i = c, cn, p
		bzw.
		i = f, fn, p
		bzw.
		i = x, y, z
f	-	bezüglich Vorschubrichtung
FB	µm	Fasenbreite
FH	µm	Fasenhöhe
fn	-	bezüglich Vorschubnormalrichtung
f_z	mm	Vorschub pro Zahn
HB	-	Brinell-Härte
HV	-	Vickers-Härte
h	mm	Spanungsdicke
h_m	mm	Mittenspanungsdicke
i	-	Schnittzahl
K	-	Konstante
K	-	Kolkverhältnis

Zeichen	Dimension	Bedeutung
KB	μm	Kolkbreite
KM	μm	Kolkmitte
KT	μm	Kolktiefe
K	$Nmm^{-3/2}$	Spannungsintensitätsfaktor
K_c	$Nmm^{-3/2}$	Rißzähigkeit
K_I	$Nmm^{-3/2}$	Spannungsintensitätsfaktor für die Beanspruchungsart I
K_{Ic}	$Nmm^{-3/2}$	Rißzähigkeit für die Beanspruchungsart I
$k_{i1.1.1}$	N/mm^2	Hauptwert einer spezifischen Zerspankraftkomponente; abgelesen aus dem $k_i = f(h)$-Diagramm bei $h = 1$ mm; gültig für den Spanungsdickenbereich $h \leq 1$ mm; gemessen bei einem Vorschubweg $l_{fz} = 1$ m; $i = c, cn, p$
k_f	N/mm^2	Formänderungsfestigkeit
L_f	m	zurückgelegter Vorschubweg bei Standzeitende (Standweg)
l_{fz}	m	Vorschubweg pro Zahn
m_i	-	Anstiegswert einer spezifischen Zerspankraftkomponente bei Variation von h; $i = c, cn, p$
n	min^{-1}	Drehzahl
n_i	-	Anstiegswert einer spezifischen Zerspankraftkomponente bei Variation von l_{fz}; $i = c, cn, p$
n	-	Exponent
P_i	W	Leistung; $i = c, f$
P1, P1*	μm	Parameter
P2, P3	m^{-1}	Parameter
P2*, P3*	-	Parameter
p	-	bezüglich Passivkraft
R_m	N/mm^2	Zugfestigkeit

Zeichen	Dimension	Bedeutung
R_p	N/mm^2	Dehngrenze
r	mm	Eckenradius
r	µm	Abstand von der Rißspitze
SV	µm	Schneidkantenversatz
T	min	Standzeit
t	s; min	Zeit
VB_i	µm	Verschleißmarkenbreite; i = H, HF, 45°, NF, N
v_c	m/s bzw. m/min	Schnittgeschwindigkeit
v_f	mm/min	Vorschubgeschwindigkeit
w	m	Reibweg
w	m	Schnittweg
x, y, z	-	Koordinaten
Z	%	Brucheinschnürung
z	-	Zähnezahl
z_{iE}	-	Anzahl der im Eingriff befindlichen Zähne
α	°	Freiwinkel
α	grd^{-1}	Wärmeausdehnungskoeffizient
β	°	Keilwinkel
γ	°	Spanwinkel
ε	°	Eckenwinkel
η	°	Strukturwinkel
Θ	°C,K	Temperatur
ϰ	°	Einstellwinkel
λ	°	Neigungswinkel
λ	J/cm·s·grd	Wärmeleitfähigkeit
ρ	g/cm^3	Dichte
σ_{ii}	N/mm^2	Normalspannung in Richtung der i-Achse; i = x, y, z
σ_V	N/mm^2	Vergleichsspannung
σ_{1-3}	N/mm^2	Hauptspannungen

Zeichen	Dimension	Bedeutung
τ_{ij}	N/mm^2	Schubspannung; wirkend in einer Ebene senkrecht zur i-Achse in Richtung der j-Achse
Φ	o	Scherwinkel
φ	o	Eingriffswinkel
φ	-	Formänderung
$\dot{\varphi}$	s^{-1}	Formänderungsgeschwindigkeit
φ_1	o	Eintrittswinkel
φ_2	o	Austrittswinkel
ψ	o	Fließwinkel
ω	s^{-1}	Winkelgeschwindigkeit
ζ, η, ϑ	-	Koordinaten

0.2 Abkürzungen

Abkürzung	Bedeutung
FSO.	bezogen auf den gesamten Meßbereich (full scale output)
HM	Hartmetall
IF	Impulsformung
MFE	Methode der Finiten Elemente
PA	Pegelanpassung
SA	Status-Anzeige
SI	Startinterrupt
ST	Schmitt-Trigger
VM	Vergrößerungsmaßstab
Z	Zähler

1. EINLEITUNG

1.1 Vorbemerkungen

Die Entwicklung neuer und die Verbesserung konventioneller
Produktionstechnologien mit dem Ziel der Minimierung der Ge-
samtkosten eines Fertigungsprozesses bei gleichbleibender
guter Funktionsfähigkeit des Endprodukts gewinnt vor dem
Hintergrund der heutigen Wirtschaftssituation entscheidende
Bedeutung.

Die herkömmlichen Produktionstechnologien verfügen auch
heute noch über beträchtliche Reserven, die durch gezielte
Verfahrensverbesserungen nutzbar gemacht werden können [1].

Bei den spanenden Bearbeitungsverfahren Drehen und Fräsen
wurde bisher versucht, auf zwei grundsätzlich verschiedenen
Wegen eine Wirtschaftlichkeitssteigerung zu erreichen:

• Prozeßlenkung mit ACO-Systemen

• Gezielte Beeinflussung der Randbedingungen
  des Prozesses aufbauend auf den Ergebnissen
  von Zerspanungsuntersuchungen

Während der industrielle Einsatz von ACO-Regelungen, insbesondere beim Fräsen, bisher am Fehlen geeigneter Verschleißsensoren scheiterte, bestehen bei der Anwendung von
Zerspankraft- und Verschleißkenngrößen erhebliche Unsicherheiten darüber, inwieweit die bei bestimmten Randbedingungen ermittelten Forschungsergebnisse auf andere Eingangsgrößen übertragen werden dürfen, und mit welchen Abweichungen gegebenenfalls zu rechnen ist.
Ziel der vorliegenden Arbeit ist es, zur Klärung dieser
letztgenannten Zusammenhänge am Beispiel des Fräsens einen
Beitrag zu leisten.

1.2 Stand des Wissens

1.2.1 Verfahren Fräsen

Das Fertigungsverfahren Fräsen ist nach DIN 8580 [2] in die
Hauptgruppe Trennen einzuordnen. Es gehört zu den spanenden
Verfahren mit geometrisch bestimmter Schneide. Das Fräsen
ist gekennzeichnet durch eine zykloidenförmige Schnittbewegung, durch den unterbrochenen Schnitt und eine vom Eingriffswinkel φ abhängige, variable Spanungsdicke.

Da beim Fräsen im allgemeinen das Verhältnis D/f_z sehr große
Werte annimmt, kann die Bahnkurve der Schnittbewegung ohne
wesentlichen Fehler durch einen Kreis mit dem Fräserdurchmesser D angenähert werden [3, 4].
Der unterbrochene Schnitt führt zu der für das Fräsen charakteristischen mechanischen und thermischen Wechselbeanspruchung von Werkzeug und Maschine [5, 6].
Diese frässpezifische Beanspruchung zieht die Entwicklung
spezieller Hartmetallsorten [7 - 9] und Maschinen mit hoher
statischer und dynamischer Steifigkeit [10] nach sich.

1.2.2 Zerspankraft beim Fräsen

Der Beschreibung der Zerspankraftkomponenten mittels funktionalen Abhängigkeiten wurde seit Beginn der Zerspanungs-
forschung lebhaftes Interesse entgegengebracht.
Bereits Taylor [61] versuchte, die Schnittkraft durch einen
Exponentialansatz der Form

$$F_c = k_1 \cdot a_p \cdot f_z^{k_2} \tag{1}$$

zu beschreiben.

Ein ähnlicher Ansatz ist von Kronenberg [84] bekannt, der
die Schnittkraft in Abhängigkeit vom Spanungsquerschnitt beschreibt:

$$F_c = k_1 \cdot (b \cdot h)^{k_2} \qquad (2)$$

Anknüpfend an die obige Beziehung von Taylor entwickelten
Kienzle und Victor [75, 85, 86] eine Gleichung, die einen
Zusammenhang zwischen den Spanungsgrößen b und h, die den
Zerspanungsprozeß deutlicher kennzeichnen als die Eingriffs-
größen a_p und f_z, und der jeweiligen Zerspankraftkomponente
herstellt.

$$F_i = b \cdot h^{1-m_i} \cdot k_{i1.1.1} \qquad (3)$$

Meyer [16] versucht, durch Berücksichtigung eines Formfaktors
den Einfluß des Eckenradius auf Vorschub- und Passivkraft zu
berücksichtigen.

$$F_f \text{ bzw. } F_p = f(a_p, f_z, r) \qquad (4)$$

Kamm [71] erweitert den von Kienzle und Victor gefundenen
Zusammenhang um einen Faktor, der den verschleißbedingten
Zerspankraftanstieg berücksichtigt.

$$F_i = b \cdot h^{1-m_i} \cdot k_{c1.1.1} \cdot l_{fz}^{n_i} \qquad (5)$$

Gleichzeitig wird von ihm ein Zerspankraftgesetz formuliert,
das auch nichtlineare Zusammenhänge in doppeltlogarithmischer
$k_i = f(h)$-Darstellung zu beschreiben gestattet:

$$k_i = k_{i1} \left(\frac{h(\varphi)}{h_1}\right)^{-m_i} + k_{i0} \qquad (6)$$

Allen bisher erwähnten Abhängigkeiten ist gemeinsam, daß die
rechnerisch ermittelte Zerspankraftkomponente für h bzw. f_z
→ 0 ebenfalls zu Null wird:

$$\lim_{h \to 0} F_i = 0 \qquad (7)$$

Diesem Zusammenhang wird jedoch von zahlreichen Forschern
[87 - 92] widersprochen, da auch dann, wenn das Werkzeug nur
am Werkstück reibt, ohne einen Span abzunehmen, Zerspankraftkomponenten in allen drei Koordinatenachsen auftreten.
Dieser Tatsache wird durch additive Faktoren in linearen Zer-
spankraftgesetzen Rechnung getragen, wie sie beispielsweise
von Richter [90] und Sadowy [91] veröffentlicht wurden.

$$F_c = b \cdot (k_1 + k_2 \cdot h) \qquad [90] \qquad (8)$$

$$F_c = a_p \cdot (k_1 + k_s \cdot f_z) \qquad [91] \qquad (9)$$

Eine Kombination von linearem und exponentiellem Zerspankraftgesetz stellt der von Klicpera [92] hergeleitete Ansatz dar:

$$\frac{F}{b} = p + g \cdot h + \frac{q}{c} \cdot e^{c \cdot h} \qquad (10)$$

In der Praxis durchgesetzt haben sich die lineare Schnitt-
kraftbeziehung von Richter [90] (Gl. 8) und der exponentielle
Ansatz von Kienzle/Victor [85] (Gl. 3).
Gleichung 3 hat den Vorteil, für alle Zerspankraftkomponenten
und alle Zerspanverfahren mit geometrisch bestimmter Schneide
anwendbar zu sein, es wird deshalb im Rahmen der vorliegenden
Arbeit von diesem Ansatz ausgegangen.
Da das Fräsen ein Fertigungsverfahren ist, das einen weiten
Spanungsdickenbereich überstreicht, ist noch nicht geklärt,
in welcher Form dieser Bereich mit dem Ansatz 3 darzustellen
ist [6]. Während Victor [11] dieses Problem mit einer dekaden-

weisen Unterteilung des Bereichs zu lösen versucht, wird von
Kamm [71] beim Stirnplanfräsen ein nichtlinearer Zusammenhang im doppeltlogarithmischen k_i = f(h)-Diagramm angenommen.

Ein Vergleich der bisher veröffentlichten Ergebnisse hinsichtlich der Größe der Zerspankraftkomponenten, die beim Gleich-
oder Gegenlauffräsen zu erwarten sind, führt zu recht unterschiedlichen Ergebnissen:
Während Philipp [12] keinen Unterschied der spezifischen Zerspankraftkomponenten beim Gleich- und Gegenlauffräsen her-
stellte, ergaben die von Sabberwal [13, 14] durchgeführten
Messungen beim Gleichlauffräsen stets höhere spezifische Zerspankraftkomponenten als beim Gegenlauffräsen. Mayer [15]
dagegen ermittelte beim Stirnplanfräsen im Gegenlauf höhere
Kräfte als im Gleichlauf.

Der Einfluß der Schnittgeschwindigkeit auf die Zerspankraftkomponenten wurde von Meyer [16] beim Drehen untersucht. Er
stellte fest, daß die Zerspankraftkomponenten für $v_c > 0,5$ m/s
mit zunehmender Schnittgeschwindigkeit fallen. Das bedeutet:
In dem für das Fräsen mit Hartmetallwerkzeugen relevanten
Schnittgeschwindigkeitsbereich ist mit einer Zerspankraft-
abnahme bei Erhöhung der Schnittgeschwindigkeit zu rechnen.

Zu diesem Ergebnis führten auch die Untersuchungen von
Siebel [17] und Mayer [15] beim Fräsen.

Der Einfluß der Werkzeugwinkel auf die Zerspankraftkomponenten beruht einerseits in der rein geometrischen Abhängigkeit, auf der anderen Seite kann eine Winkeländerung auch
über den Spanbildungsvorgang die Zerspankraftkomponenten
beeinflussen.
Vieregge, Meyer, Mayer und Deselaers [82, 16, 15, 98] kommen diesbezüglich zu übereinstimmenden Ergebnissen.

Neben den Spanungsgrößen hat der Werkzeugverschleiß den
größten Einfluß auf die Zerspanungskomponenten. Die Ergeb-

nisse von König/Langhammer [18] und Kamm [71] beim Drehen
und Fräsen bestätigen die Aussage früherer Untersuchungen
[19, 20, 21], wonach mit zunehmender Schnittzeit bzw. zunehmendem Verschleiß die Zerspankraftkomponenten im allgemeinen ansteigen.
König/Langhammer [18] und Kamm [71] versuchten, durch additive bzw. multiplikative Terme den Werkzeugverschleiß bei
der Berechnung der Zerspankraftkomponenten zu berücksichtigen.
Ungeklärt ist hier allerdings noch, wie sich diese Korrek-
turglieder bei Variation der Schnittbedingungen verändern.

1.2.3 Die Werkzeugbeanspruchung bei der spanenden
Bearbeitung

Zur Ermittlung der Werkzeugbeanspruchung während der Spanabnahme muß zunächst geklärt werden, wie die Zerspankraft
am Werkzeug angreift.
Die Zerspankraft darf hierbei nicht als Einzellast aufgefaßt
werden, sondern als Resultierende der an sämtlichen Kontaktzonen des Werkzeugs angreifenden Flächenlasten.
Primus, Betaneli, Chandrasekaran und Zorew [22, 23, 25, 24]
kommen mit Hilfe unterschiedlicher Methoden zu ähnlichen Ergebnissen. Demnach ist auf der Spanfläche eines Werkzeugs
mit einem mit zunehmendem Abstand von der Schneidkante para-
bolisch abnehmenden Belastungsprofil der Normal- und Schub-
spannung zu rechnen.
Während Primus [22] den Spannungsverlauf aufgrund spezieller
Zerspankraftmessungen errechnet, kommen Betaneli [23] und
Chandrasekaran [25] mittels spannungsoptischer Untersuchungen
zu der o.g. Aussage.
Zorew [24] berechnet dagegen das Spannungsprofil aufgrund
plastizitätsmechanischer Überlegungen bezüglich der Vorgänge
in der Scherzone.

Die Ermittlung der Schneidteilbeanspruchung wurde bisher
einerseits auf spannungsoptischem Wege [22, 23, 25, 26],
andererseits durch Rechnung unter zuhilfenahme der Elasti-
zitäts- und Plastizitätstheorie [27] bestimmt.
Während den spannungsoptischen Versuchen die bekannten
Schwierigkeiten bei der Übertragung der am Modell gefundenen Ergebnisse auf den realen Zerspanungsvorgang anhaften,
ist die exakte Lösung der Gleichungen der Elastizitäts- und
Plastizitätstheorie im Falle eines 3-dimensionalen Zerspan-
werkzeugs praktisch unmöglich. Es müssen zur Lösung dieses
Problems derartige Vereinfachungen angenommen werden, daß
die so ermittelten Ergebnisse nur eine beschränkte Gültigkeit besitzen.
Für derartige Festigkeitsberechnungen bietet sich heute die
Methode der Finiten Elemente (MFE) an. Die theoretischen
Grundlagen dieses Verfahrens können auf Maxwell, Castigliano
und Mohr [Zitat in 28] zurückgeführt werden. Größere Bedeutung erlangte das Verfahren jedoch erst, nachdem leistungs-
fähige elektronische DV-Anlagen zu Beginn der fünfziger
Jahre zur Verfügung standen. Die Umwandlung herkömmlicher
Berechnungsverfahren in rechnerangepaßte Verfahren wurde
maßgeblich durch die Arbeiten von Argyris, Patton und Kelsey
[29, 30] beeinflußt.
Diese Art der Festigkeitsberechnung wurde bisher zur Lösung
der Probleme des Zerspanungsvorgangs nur selten herangezogen.
Während Zorew [31] die Beanspruchung im Schneidkeil mit der
Methode der Finiten Elemente berechnet, benutzt Pekelharing
[32] diese Berechnungsmethode, um die mechanischen Spannungen in der Scherzone, auf den Kontaktflächen und im Inneren
eines Schneidkeils zu berechnen.
Beide Forscher benutzen ebene MFE-Modelle, die im Hinblick
auf reale Werkzeuge nur qualitative Aussagen zulassen, zu-
mal die Randbedingungen nicht genau definiert sind.

1.2.4 Der Werkzeugverschleiß beim Fräsen

Zur Beschreibung der beim Zerspanungsvorgang wirkenden Verschleißmechanismen können die auf Modelluntersuchungen be-
ruhenden Ergebnisse tribologischer Veröffentlichungen [33 -
38] meist nicht herangezogen werden, da das Werkzeug beim
Zerspanungsvorgang gleichzeitig einer extremen mechanischen
und thermischen Belastung ausgesetzt ist, die so im tribologischen Modellversuch nicht simuliert werden kann.
In neuester Zeit hat sich in der Tribologie in Form der
Systemanalyse eine Vorgehensweise bei der Abstrahierung
komplexer tribologischer Vorgänge durchgesetzt [39], die
auch mit Erfolg bei Zerspanungsvorgängen anzuwenden ist.

Während die Zerspankraft eine Größe darstellt, deren Einfluß auf den Zerspanungsvorgang - soweit er den Anwender in
der Praxis betrifft - relativ leicht durch die Entwicklung
geeigneter Werkzeugmaschinen, Werkzeuge und Vorrichtungen
in den Griff zu bekommen ist, entzieht sich der Werkzeugverschleiß einer derart einfachen Handhabungsweise.
Wie sehr die Probleme des Werkzeugverschleißes Wissenschaft-
ler und Anwender beschäftigen, zeigt die große Zahl von Veröffentlichungen, die sich mit diesem Thema befassen.
Im Folgenden soll deshalb nur ein Überblick über die Lite-
raturstellen gegeben werden, die sich mit den Verschleißmechanismen auseinandersetzen, die beim Fräsen mit Hartmetallwerkzeugen standzeitbestimmend sind.

Der Freiflächenverschleiß von Zerspanungswerkzeugen ist nach
Ansicht von Grappisch und Schilling [40] bei niedrigen
Schnittgeschwindigkeiten ausschließlich auf die Wirkung
abrasiver Verschleißmechanismen zurückzuführen. Dieses Verhalten ändert sich nach Aussage von Axer [41] und Ehmer [42]
auch bei höheren Schnittgeschwindigkeiten nicht. Opitz et.al
[43] fanden auf der verschlissenen Frei- und Spanfläche ähn-
liche Oberflächenstrukturen, die darauf schließen lassen,

- 26 -

daß die Mechanismen des Freiflächen- und Kolkverschleißes
teilweise identisch sind.
Der Verschleißangriff auf der Freifläche erfolgt in zwei
Phasen: Durch die hohe mechanische Beanspruchung der Schneidkante werden dort Karbide aus dem Kornverband des Hartmetalls
ausgebrochen, die, eingebettet in den Werkstückstoff, über
die Freifläche reiben [44] und so auf zweifache Art ver-
schleißfördernd wirken [82, 42, 45].
Neben den Karbiden des Hartmetalls beteiligen sich auch die
Bestandteile des Werkstückstoffs am abrasiven Verschleiß
[46].
Ausschlaggebend für die Intensität des Verschleißangriffs
an der Freifläche ist nach Ansicht von Loladze [46] und
Opitz [43] die Härte der beiden Tribopartner.

Im Gegensatz zur Freifläche, ist der Schneidstoffabtrag auf
der Spanfläche nicht auf die Wirkung eines einzelnen Verschleißmechanismus zurückzuführen. Für den Kolkverschleiß
spielt der direkte, diffusionsbedingte Materialtransport
keine entscheidende Rolle [40]. Die wesentlich gefährliche-
re Wirkung der Diffusion beruht auf der Veränderung und vor
allem der Schwächung des Hartmetallgefüges [4 , 47, 50],
das dann den abtragenden Verschleißmechanismen nur geringen
Widerstand zu leisten vermag.

Eine für den unterbrochenen Schnitt charakteristische Verschleißform sind die Kamm- und Querrisse, die, nach Aussage
von Opitz und Lehwald [51], auf die thermische und mechanische Wechselbeanspruchung des Schneidteils zurückzuführen
sind.
Als Ursache für die Entstehung und Ausbreitung von Kammrissen, sind nach dem derzeitigen Stand der Forschung die thermisch induzierten Spannungen während der Abkühlphase anzusehen [33, 51, 52, 82].
Als Entstehungsart der Kammrisse wird die Stelle maximaler
Temperaturänderung angesehen [5, 55, 56].

Die absolute Höhe und die Form des Temperaturprofils senkrecht zur Spanfläche wird über die Schnittgeschwindigkeit,
das Verhältnis von Aufheizzeit zu Abkühlzeit und über die
Temperaturleitfähigkeit von Werkstoff, Schneidstoff und Umgebungsmedium bestimmt [51, 52, 53].
Die erst bei höheren Schnittzahlen auftretenden Querrisse
auf der Freifläche, sind, nach Opitz et.al. [52], auf die
Druckschwellbeanspruchung des Schneidkeils durch die Zerspankraft zurückzuführen.
Okushima/Hoshi [56] berichten von Versuchen, bei denen Quer-
risse auf der Spanfläche parallel zur Schneidkante auftraten,
wenn mit dem für die Praxis recht ungewöhnlichen Vorschub/
Schnittiefenverhältnis f_z/a_p = 1/1 gearbeitet wurde.
Aufgrund der großen Breite der temperaturbeaufschlagten Zone
führen Okushima und Hoshi diese Art der Risse auf thermische
Spannungen zurück.
Meyer [57] und Pekelharing [58] vertreten die Ansicht, daß
diese thermisch bedingten Querrisse auf der Spanfläche beim
Fräsen mit Hartmetall ohne Bedeutung sind, während sie beim
Drehen und Fräsen von Stahl mit Schneidkeramik für das Ver-
sagen des Werkzeugs durchaus ausschlaggebend sein können.
Eigene Untersuchungen führten diesbezüglich jedoch zu ande-
ren Ergebnissen (vergl. Kap. 4.2.3.3.2).

1.2.5 Standzeitfunktionen

In der Literatur sind derzeit ca. 15 verschiedene Standzeitfunktionen bekannt [59, 60], die alle die Standzeit in Abhängigkeit der Schnittgeschwindigkeit, des Vorschubs und anderer Eingangsgrößen darstellen.
Die bisher bekannten Standzeitfunktionen lassen sich in drei
Gruppen einordnen:

  a) Standzeitfunktionen, die auf dem Taylor-Ansatz aufbauen:
     Taylor [61] veröffentlichte bereits 1907 Ergebnisse, aus

denen hervorgeht, daß der Einfluß der Schnittgeschwindigkeit auf den Werkzeugverschleiß deutlich höher als
der des Vorschubs anzusetzen ist.
Die Abhängigkeit zwischen Standzeit und Vorschub kann
nach Shaw [62] analog zur Standzeit-Schnittgeschwindig-
keitsbeziehung angesetzt werden.
Der Einfluß von Schnittiefe, Zähnezahl, Verschleißkrite-
rium und Steifigkeit kann durch Erweiterung der Taylor-
Funktion ebenfalls berücksichtigt werden [63, 64, 65].
Der Einfluß dieser Größen auf die Standzeit wird für
eine bestimmte Werkstoff-Schneidstoff-Kombination als
konstant angenommen.
Nach neueren Untersuchungen [66] muß diese letztgenannte Aussage jedoch angezweifelt werden, obwohl verschiedene statistische Untersuchungen über die Verschleißzu-
sammenhänge [63] diesem Ansatz ausreichende Genauigkeit
bescheinigen.

b) Standzeitfunktionen, die mit dem Spanäquivalent
operieren:
Der Begriff des Spanäquivalents wurde 1932 von Woxen
[67] geprägt, der auch die erste Standzeitfunktion mit
diesem Faktor entwickelte.
Colding [68, 69] übernahm das Spanäquivalent in seine
Untersuchungen und wendet es für verschiedene Zerspanverfahren an.
Woxens Spanäquivalent ist definiert als das Verhältnis
der im Einsatz befindlichen Schneidkantenlänge L zum
Spanungsquerschnitt:

$$q = \frac{L}{b \cdot h} \qquad (11)$$

c) Sonstige Standzeitfunktionen:
Unter den Standzeitfunktionen, die weder auf den Taylor-
Ansatz [61] zurückzuführen sind, noch mit dem Spanäqui-
valent [67, 68] arbeiten, müssen die von Depiereux [70]

und Kamm [71] entwickelten Ansätze erwähnt werden.
Die Standzeitfunktion von Depiereux [70] zeichnet sich
dadurch aus, daß die Exponenten von Schnittgeschwindig-
keit und Vorschub - im Gegensatz zu denen des Taylor-
Ansatzes - nicht ihrerseits wieder eine Funktion von
Vorschub und Schnittgeschwindigkeit sind.
Nur unter dieser Voraussetzung war es möglich, eine
Strategie zur gleichzeitigen Optimierung von Schnitt-
geschwindigkeit und Vorschub zu entwickeln.
Kamm [71] weicht von der üblichen Form der Standzeit-
funktion ab, indem er nicht die abgeleitete Größe T,
sondern direkt den standzeitbestimmenden Verschleiß in
Abhängigkeit von den Eingangsgrößen v_c und f_z darzustel-
len versucht.
Kamm [71] beschreibt den Freiflächenverschleiß in der
$VB = f(l_{f_z})$-Darstellung durch Polynome höherer Ordnung.
Es zeigte sich jedoch, daß für die Koeffizienten dieser
Polynome in Abhängigkeit von Schnittgeschwindigkeit und
Vorschub beim Fräsen keine Gesetzmäßigkeit angegeben
werden kann, so daß die Verschleißfunktion nur für be-
kannte VB-Kurven aufgestellt werden kann.

1.3 Aufgabenstellung und Abgrenzung des Versuchsbereichs

Eine Untersuchung der wesentlichen Forschungsarbeiten zeigte, daß beim Fräsen noch erhebliche Unsicherheiten darüber
bestehen, wie sich die Zerspankraftkomponenten bei Variation
der Eingangsgrößen, des Fräsverfahrens und mit wachsendem
Werkzeugverschleiß verändern.
Die aus diesen Eingangsgrößen resultierende mechanische und
thermische Werkzeugbeanspruchung ist weitgehend unbekannt.
Desgleichen ist es bisher nur in Ausnahmefällen gelungen,
das Standzeitverhalten beim Fräsen mit Hilfe einer analytischen Funktion zu beschreiben.

Ziel dieser Arbeit ist es demnach,

- die Schneidteilbelastung in Abhängigkeit der Eingangsgrößen darzustellen und mit Hilfe einer geeigneten Zer-
  spankraftgleichung zu beschreiben,

- die mechanische und thermische Schneidteilbeanspruchung
  zu berechnen,

- die beim Fräsen standzeitbestimmenden Verschleißgrößen
  darzustellen und zu analysieren,   und

- es soll der Versuch unternommen werden, den Freifla-
  chenverschleiß beim Fräsen mit Hilfe einer funktionalen
  Abhängigkeit zu beschreiben.

Die hierzu notwendige Versuchsanlage ist aufzubauen und mit
einer bereits vorhandenen Datenerfassungsanlage [72] zu kop-
peln. Die benötigte Software ist auszubauen und zu komplet-
tieren.
Die Untersuchungen sollen sich auf das Stirnplan- und Umfangsplanfräsen [76] erstrecken.
Zur Beschränkung des Untersuchungsumfangs sollen die Ein-
und Austrittsbedingungen des Fräsers nicht variiert werden.
Die Schnittbedingungen sollen den üblichen Variationsbereich
moderner Werkzeugmaschinen umfassen.

2. VERSUCHSDURCHFÜHRUNG UND MESSGERÄTE

2.1 Versuchsmaschine

Als Versuchsmaschine stand für die Fräsuntersuchungen eine
vertikale Bettfräsmaschine PFV 10-1000 der Firma Heller zur
Verfügung (Bild 1). Die charakteristischen Daten der Versuchsmaschine sind in Tabelle 1 angegeben.

<u>Bild 1:</u> Fräsversuchsstand

Die Maschine ist ausgerüstet mit einer Bosch CNC-Steuerung
System 5.

Da die Versuche hauptsächlich mit Einzahnfräsern durchgeführt
wurden, wurden Hauptspindel- und Vorschubantrieb mit stark
schwankenden Momentenbelastungen beaufschlagt (Bild 2). Um
trotzdem während der vollen Fräserumdrehung eine möglichst
gleichmäßige Vorschubgeschwindigkeit zu gewährleisten, wurden

Arbeitsbereich	x - Achse	1000 mm
	y - Achse	400 mm
	z - Achse	450 mm
Spindelmotorleistung	Leistung (Gleichstrommotor)	15 kW
	kurzzeitig überlastbar bis	ca. 30 kW
Geschwindigkeiten	Vorschubgeschwindigkeit (in x-, y-, z-Achse)	5-6000 mm/min
	Eilganggeschwindigkeit (in x-, y-, z-Achse)	6000 mm/min

Tabelle 1: Technische Daten der Versuchsmaschine

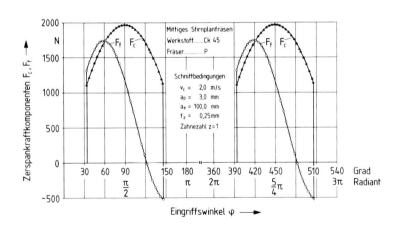

Bild 2: Schnitt- und Vorschubkraft am Einzahnfräser

die Zeitkonstante und die Verstärkung des PI-Reglers im un-
tergelagerten Geschwindigkeitsregelkreis des Vorschuban-
triebs der x- und y-Achse den speziellen Anforderungen einer
derartigen Versuchsführung entsprechend optimiert. Eine ähn-
liche Anpassung wurde mit dem Drehzahlregelkreis des Spindel-
antriebs durchgeführt. Die Abweichungen vom Vorschub- und
Schnittgeschwindigkeitssollwert konnten so $< \pm$ 3 % über den
gesamten Schnittbogen gehalten werden.

2.2 3-Komponenten-Meßplattform

2.2.1 Allgemeine Anforderungen

An die Einrichtung zur Messung der Zerspankraftkomponenten
werden speziell beim Fräsen sehr hohe Anforderungen gestellt:

● Die Meßeinrichtung muß eine große Gesamtsteifigkeit besitzen, um bei den hohen statischen und dynamischen
Zerspankraftanteilen, die beim Fräsen auftreten, die
Steifigkeit des Gesamtsystems Maschine-Werkzeug-Werkstück
möglichst wenig zu verändern.

● Trotz der geforderten hohen Steifigkeit muß die Meßeinrichtung eine hohe Empfindlichkeit besitzen, um auch
kleine, z.B. verschleißbedingte Zerspankraftänderungen
erfassen zu können.

● Da die Meßeinrichtung beim Fräsen zweckmäßigerweise
werkstücktragend ausgeführt wird, liegt der Angriffspunkt der Zerspankraft bei kompakter Bauweise der Meßeinrichtung nicht in der Meßebene. Außerdem ändert sich
beim Fräsen die Richtung sowie der Angriffspunkt der
Zerspankraft während der Messung. Die einzelnen Meßelemente werden deshalb mit einer resultierenden Belastung
beaufschlagt, die sich aus den Zerspankraftkomponenten
sowie den sich aus der Momentenbelastung ergebenden
Kraftanteilen zusammensetzt. Die aus der Momentenbelastung resultierenden Kraftanteile müssen durch geeignete Summation der Ausgangssignale mehrerer Aufnehmer
eliminiert werden. Diese Forderung kann allerdings nur
erfüllt werden, wenn sämtliche Kraftaufnehmer in einge-
bautem Zustand die gleiche Empfindlichkeit aufweisen.
Da aber in der Praxis die Empfindlichkeiten der Aufnehmer aufgrund von Fertigungsungenauigkeiten bei der Her-
stellung und beim Einbau immer geringfügig streuen,
wird durch die oben beschriebene Summation die Kraft,

die senkrecht zu der zu messenden und in der x-z-Ebene
(Bild 3) liegt, nicht gleich Null.

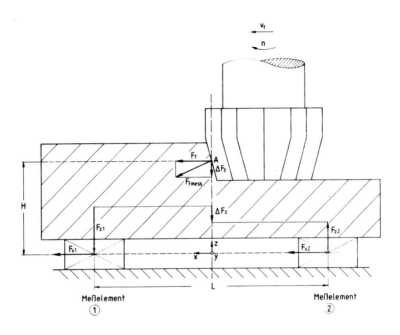

Bild 3: Übersprechen infolge unterschiedlicher
Empfindlichkeiten von Kraftmeßelementen.

Soll beispielsweise die Vorschubkraft F_f, wie in Bild 3
schematisch dargestellt, gemessen werden, so erhält man
diese Zerspankraftkomponente durch Summation der an den
Meßelementen ① und ② angreifenden Teilkräfte.
Da die Vorschubkraft F_f jedoch nicht in der Meßebene
liegt sondern an einem Punkt angreift, der um den Betrag H über der Meßebene liegt, wirkt in der Meßebene
ein Moment, das die beiden Meßelemente in z-Richtung be-
lastet.
Es soll angenommen werden, daß der Aufnehmer ① in

z-Richtung eine höhere Empfindlichkeit besitzt als der
Aufnehmer ② . Die Summation aller in z-Richtung wirkenden Kräfte ergibt

$$F_{z2} - F_{z1} = \Delta F_z$$

Es wird also eine scheinbar am Punkt A angreifende
Kraft ΔF_z gemessen, die bei der Interpretation der Meßergebnisse den absoluten Betrag und die Richtung der
tatsächlich wirkenden Vorschubkraft F_f verfälscht.
Dieses momentenbedingte Übersprechen sollte möglichst
klein gehalten werden können.

Weiterhin muß davon ausgegangen werden, daß reale Aufnehmer auch dann ein Ausgangssignal abgeben, wenn eine
Kraft normal zur Meßrichtung wirkt. Dieses Verhalten
führt zwangsläufig zu einem Fehler in der Richtungs-
bestimmung des zu messenden Kraftvektors.
Dieses verfahrensbedingte Übersprechen sollte natürlich
ebenfalls möglichst klein gehalten werden können.

• Da nicht immer vorausgesetzt werden kann, daß zur Ver-
  suchsauswertung eine DV-Anlage zur Verfügung steht,
  können für die einzusetzenden Kraftaufnehmer nur kleine
  Linearitätsabweichungen im Meßbereich zugelassen werden.

Eine vergleichende Untersuchung aller in Frage kommenden di-
rekten oder indirekten Kraftmeßverfahren zeigte, daß die
oben aufgestellten Forderungen am besten von piezoelektrischen Kraftmeßelementen erfüllt werden.
Leider haben die piezoelektrischen Kraftmeßverfahren auch
Nachteile, die jedoch eingeschränkt bzw. ganz eliminiert
werden können.

• Bedingt durch das Meßprinzip ist die Anwendung auf Messung von dynamischen und quasistatischen Vorgängen
  beschränkt.

Die moderne Verstärkertechnik gestattet jedoch schon
eine Ausdehnung des Meßbereiches auf die Erfassung von
Vorgängen, deren Dauer mehr als 1 Minute beträgt.
Derartige Meßzeiten sind für die Erfassung der Zerspankraftkomponenten beim Fräsen bei weitem ausreichend.

- Sobald der Widerstand im Eingangskreis des Ladungsver-
  stärkers herabgesetzt wird (beispielsweise durch Eindringen von Feuchtigkeit in die Anschlüsse), ist ein
  Messen nicht mehr möglich.
  Das Eindringen von Feuchtigkeit in signalführende Teile
  der Meßplattform und der Meßleitungen konnte durch eine
  Kapselung der gesamten Meßplattform zuverlässig verhindert werden.

2.2.2 Ausgeführte Anlage

Für die Messung der Zerspankraftkomponenten beim Ein- und
Mehrzahnfräsen wurde eine Sonderanfertigung einer 3-Kompo-
nenten-Kraftmeßplattform der Firma Kistler/Winterthur mit
erweitertem Meßbereich eingesetzt (Typ Z 3393).
Die wichtigsten technischen Daten dieser Plattform sind in
Tabelle 2 zusammengefaßt.

Max. Meßbereich	F_x, F_y	$\pm$	10	kN
(geeicht)	F_z		0-20	kN
Überlastbarkeit			50	%
Empfindlichkeit	F_x, F_y, F_z	-	3,8	pC/N
Linearität		$\leqq \pm$	0,3	%FSO
Hysterese		$\leqq$	0,5	%FSO
Ansprechschwelle	F_x, F_y, F_z	<	0,1	N
Übersprechen		$< \pm$	1	%
Zulässige Umgebungstemperatur			0-70	°C
Niedrigste Resonanzfrequenz		>	1	kHz

Tabelle 2: Technische Daten der 3-Komponenten-Meßplattform

- 38 -

Da mehrere Versuchsreihen auch unter Anwendung von Kühlschmiermittel durchgeführt werden sollten, war es notwendig,
die Plattform so zu kapseln, daß die ladungsführenden Teile
zuverlässig vor Feuchtigkeit geschützt wurden.
Dieser Feuchteschutz muß den folgenden Anforderungen genügen:

• Absolut Schwallwasserdichtheit

• Verhinderung von Kondenswasserbildung
  (z.B. während Versuchsunterbrechungen, wie sie an
  Wochenenden auftreten)

• keine Beeinflussung des Meßergebnisses

Den prinzipiellen Aufbau der Plattform sowie die konstruk-
tive Realisierung des Feuchteschutzes zeigt Bild 4.

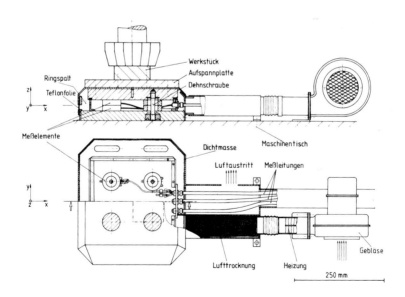

Bild 4: Feuchtigkeitsschutz der Meßplattform

Ober- und Unterteil des Feuchteschutzes sind durch Teflon-
folie miteinander verbunden. Diese Folie gleicht die, wenn
auch sehr geringe, Verlagerung des Oberteils der Schnitt-
kraftmeßplattform gegenüber dem feststehenden Unterteil
aus.
Zwischen dem Feuchteschutz und der eigentlichen Meßplattform bildet sich so ein Ringspalt aus, durch den auf ca.
$45^{\circ}C$ erwärmte und über Silikagel getrocknete Luft strömt.
Diese relativ aufwendige Realisierung verhindert einerseits
das Eindringen von Schwallwasser andererseits wird die Luft-
feuchtigkeit in unmittelbarer Umgebung der Plattform durch
das Einblasen von getrockneter und erwärmter Luft stark
herabgesetzt, so daß eine feuchtigkeitsbedingte Herabset-
zung des Isolationswiderstandes der ladungsführenden Teile
zuverlässig verhindert wird.
Eine Beeinflussung des Meßergebnisses durch den Feuchteschutz konnte bei Vergleichsuntersuchungen nicht festgestellt werden.

Eine 2. Eichung der Schnittkraftplattform auf der Versuchsmaschine ergab, daß die in Tabelle 2 angegebenen Daten nur
dann eingehalten werden können, wenn der Angriffspunkt der
Zerspankraft in einem relativ eng begrenzten Bereich variiert. Es wurden deshalb Zerspankraftmessungen nur innerhalb
des in Bild 5 schraffiert gezeichneten Bereichs durchgeführt.

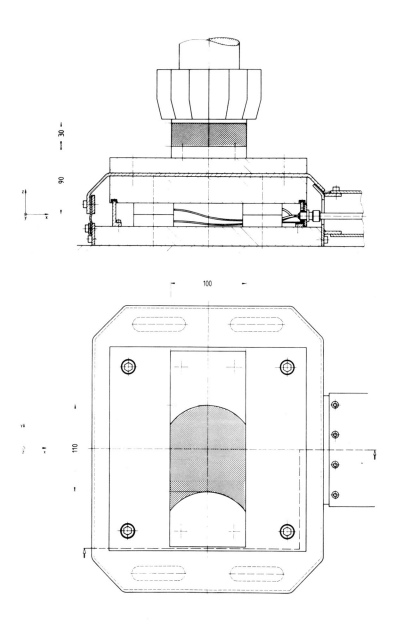

__Bild 5:__ Bereiche, in denen die Zerspankraftmessung durchgeführt werden muß

2.3   Datenerfassungsanlage

Um den beim Fräsen - auch beim Einsatz statistischer Ver-
suchsplanung - außerordentlich hohen zeitlichen und materi-
ellen Versuchsaufwand zur Ermittlung der Zerspankraftkomponenten und des Verschleißverhaltens in einem vertretbaren
Rahmen zu halten, wurde für dieses Vorhaben eine rechnerge-
stützte Fräsdatenerfassungsanlage eingesetzt.

Neben der Verringerung der Versuchs- und Auswertezeiten hat
die Anlage die Aufgabe, eine objektive Auswertung der Zerspankräfte zu ermöglichen, deren Mittelung bisher dem per-
sönlichen Empfinden des Auswerters überlassen war.

2.3.1 Hardwarekonfiguration

Den prinzipiellen Aufbau der Fräsdatenerfassungsanlage in
der heutigen Ausbaustufe zeigt Bild 6.

Die Anlage ist aufgeteilt in:

a) Versuchsmaschine mit Meßwertaufnehmer

b) Meßwertaufbereitung für den Datentransfer
   Maschine-Rechner

c) DV-Anlage mit der zugehörigen Peripherie

d) Bedienungs- und Überwachungseinheit für die
   gesamte Anlage

- 42 -

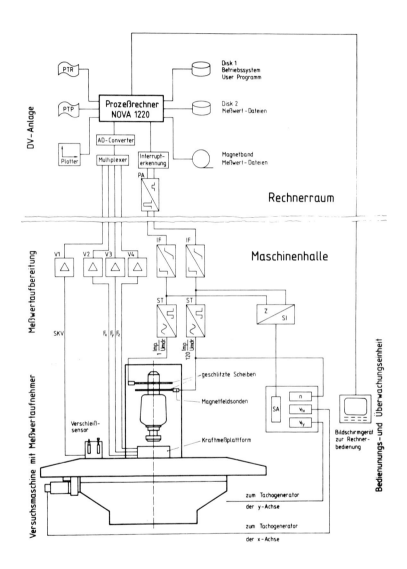

Bild 6:   Fräsdatenerfassungsanlage

zu a) Die Maschine ist mit den für die Zerspankraft- und
Freiflächenverschleißmessung notwendigen Meßelementen
ausgerüstet.
Da es sich beim Fräsen um ein Zerspanverfahren mit
nichtkonstanter Spanungsdicke handelt, muß neben der
momentanen Amplitude des Kraftsignals auch die zugehö-
rige Position des Fräsers, d.h. der Eingriffswinkel φ
bekannt sein.
Dies wird durch die induktive Abtastung zweier Schlitzscheiben erreicht, die auf die Hauptspindel, außerhalb
des kollisionsgefährdeten Arbeitsraumes, aufgebracht
wurden.
Die eine Schlitzscheibe liefert 120 Impulse/Umdrehung,
d.h. alle 3° einen Impuls.
Die andere Schlitzscheibe liefert nur 1 Impuls/Umdrehung
und legt damit für den Rechner den Bezugspunkt $\varphi = 0^o$
für den Eingriffswinkel φ fest.

zu b) Unmittelbar an der Maschine findet noch eine entsprechende Aufbereitung der Meß- bzw. Steuersignale statt.
Die Zerspankraft- und Verschleißmeßgrößen werden bis
auf eine maximale Ausgangsspannung von 10 V verstärkt
und über abgeschirmte Analogleitungen auf den Rechner-
eingang gegeben. Die zunächst sinusförmigen Signale
der Magnetfeldsonden, die die Position des Fräsers
festlegen, stehen nach entsprechender Aufbereitung
(siehe Bild 6) dem Rechner zur Interrupterkennung sowie der Überwachungseinheit zur Verfügung.

zu c) Mittelpunkt der DV-Anlage des Systems ist ein Prozessrechner (Nova 1220; Firma Data General Corporation,
Southboro, USA) mit 32 K Hauptspeicher bei 16 bit Wort-
länge. Neben den prozessrechnertypischen Eingangsbau-
steinen wie Multiplexer, AD-Wandler und Interrupterkennung ist die Anlage mit 2 Magnetplattensystemen,
einem Magnetbandgerät, Plotter, schnellem Lochstreifen-
leser und einem schnellen Lochstreifenstanzer ausgerüstet.

zu d) Am Versuchsstand befindet sich ein Terminal, das zur
Rechnerfernbedienung und zur optischen Überprüfung
der Meßwerte eingesetzt wird.
Die Überwachungseinheit gibt über Statusanzeigen Aus-
kunft über die ordnungsgemäße Funktionsfähigkeit der
Einrichtung zur Bestimmung des Fräsereingriffswinkels
und der augenblicklichen Spindeldrehzahl bzw. Schnittgeschwindigkeit. Die Höhe der Spindeldrehzahl bzw.
Schnittgeschwindigkeit, kann ebenso wie die Vorschub-
geschwindigkeiten in der Arbeitsebene (v_{fx}, v_{fy}) über
digitale Anzeigen kontrolliert werden.

2.3.2 Softwarekonfiguration

Das Meßwerterfassungsprogramm wird über das Bildschirmter-
minal vom Versuchsstand aus aufgerufen und über die von den
Schlitzscheiben initialisierten Interrupts gesteuert.
In der derzeitigen Ausbaustufe wird alle 3° eine Messung
durchgeführt. Das heißt, pro gemessener Zerspankraftkomponente und pro Fräserumdrehung fallen 120 Meßwerte an. Jede
Zerspankraftmessung wird 10mal wiederholt, so daß pro Meß-
wertaufnahme 3600 Meßwerte zur Weiterverarbeitung anstehen.
Der Rechner prüft nun, ob sämtliche dieser 3600 Meßwerte
auch tatsächlich vorhanden sind. Ist dies der Fall, werden
im Klartext die Randbedingungen des Versuchs abgefragt und
den entsprechenden Daten zugeordnet.
Sind mehr oder weniger als 3600 Meßwerte auf der Datei, so
wird softwaremäßig eine Weiterverarbeitung dieser Datei un-
terbunden, da sich sonst eine falsche Zuordnung von Zerspankraft und Spanungsdicke ergeben würde.
Der Versuch muß also wiederholt werden.

Neben optischen und analytischen Plausibilitätstests wird
geprüft, ob die Standardabweichung der 10 Einzelmessungen
bei φ = const. in vorgegebenen Grenzen liegt.

Sind alle Tests positiv verlaufen, so werden die Ergebnisse
in die Fräsdatenbank eingegliedert.

Die weitere Aufbereitung der Daten sollte nun zweckmäßigerweise auf einem anderen Rechner durchgeführt werden, da
hierzu kein Prozessrechner mehr notwendig ist, und dieser
hiermit nur unnötig belegt würde.
Die Organisation der Fräsdatenbank, die Weiterverarbeitung
der Ergebnisse, die statistischen Untersuchungen und die
abschließende Zeichnung der Diagramme wurden auf einer
UNIVAC II08 durchgeführt.

Der vereinfachte Programmablaufplan dieser Meßwertverarbeitung
ist in Bild 7 dargestellt. Der Benutzer hat derzeit die
Möglichkeit, ca. 30 verschiedene Diagrammarten zur Auftragung von Schnittkraft- und Verschleißkenngrößen anzuwählen.
In dem in Bild 7 dargestellten Strukturdiagramm ist bei-
spielhaft der Programmablauf für die Diagrammart $k_i = f(h)$
dargestellt.
Der Benutzer gibt zunächst im Dialogbetrieb die versuchsbe-
schreibenden Parameter ein. Anhand dieser Angaben erstellt
das Programm einen Zahlencode, der die gewünschte Diagrammart und die dafür benötigten Datensätze kennzeichnet.
Diese Datensätze werden nun von der Fräsdatenbank abgerufen.
Stellt sich dabei heraus, daß mehrere Datensätze mit absolut
gleichen Randbedingungen vorhanden sind, so wird eine arith-
metische Mittelung durchgeführt.
Danach werden die Zerspankraftkomponenten im mitrotierenden
Koordinatensystem sowie die entsprechenden spezifischen
Größen errechnet.
Diese spezifischen Zerspankraftkomponenten können nun mit
einem Gewichtungsfaktor versehen werden, der in Abhängigkeit
vom Eingriffswinkel φ den Meßwerten mit der geringeren
Standardabweichung eine höhere Priorität zuordnet.
Anschließend wird eine lineare Regression durchgeführt und
die Abweichung der Meßwerte vom Funktionswert der Regres-
sionsgeraden bestimmt. Zeigt sich dabei, daß Meßwerte

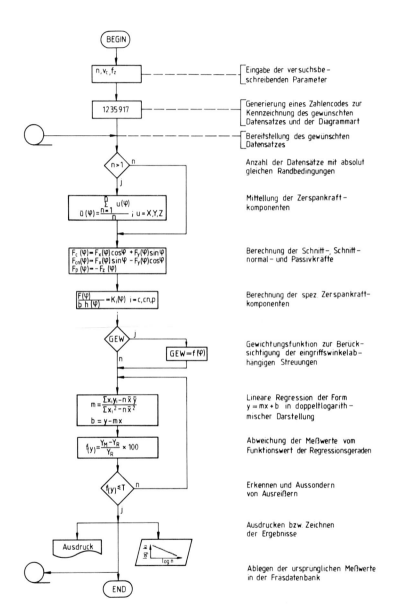

Bild 7: Programmablaufplan zur Meßwertverarbeitung

außerhalb relativ weit gesteckter Toleranzgrenzen liegen,
so können sie als Ausreißer verworfen werden, wobei dann
die Regression ein zweites Mal durchgeführt wird.
Werden die Toleranzgrenzen eingehalten, so kann das gewünschte Diagramm gezeichnet und die Ausdrucke erstellt werden.
Abschließend werden die ursprünglichen Meßwerte (einschließ-
lich eventueller Ausreißer) unter dem zugehörigen Zahlencode wieder in der Datenbank abgelegt.

2.4 Verschleißmessung

2.4.1 Verschleißmessung mittels kapazitivem Verschleißsensor

Zur automatischen Erfassung des Werkzeugverschleißes an der Freifläche von Haupt- und Nebenschneide wurde ein kapazitiver Verschleißsensor eingesetzt [73], der im intermittierenden Betrieb arbeitet.
In Bild 8 ist der Verschleißsensor schematisch dargestellt.

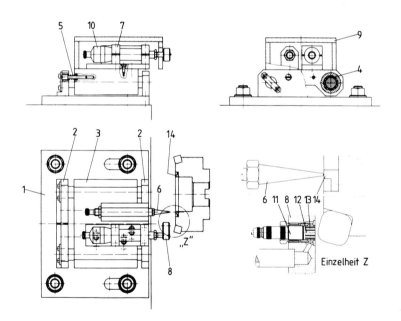

Bild 8:

Schematische Darstellung des kapazitiven Verschleißsensors

Bild 9:

Meßwertaufnehmer und Tastspitze in Meßposition

Der Meßschlitten ③ läuft in zwei vorgespannten Kugelfüh-
rungen ④ . Durch die Federvorspannung ⑤ wird die Tastspitze ⑥ mit einer einstellbaren Kraft auf die Bezugsfläche ⑭ des Fräsergrundkörpers gedrückt. Die Federn dienen
außerdem zur Kompensation des Eigengewichts des Schlittens
bei Einsatz des Gerätes auf Vertikalfräsmaschinen.
Der Meßschlitten trägt die Tastspitze ⑥ und die Sensorhalterung ⑦ , deren Abstand zueinander sich durch Quer-
verschieben der Sensorhalterung und/oder Schwenken der
Schutzplatte ⑧ um 180° in einem weiten Bereich variieren
läßt. Dieser variable Abstand der beiden Bauelemente erlaubt
ein leichtes Anpassen des Sensors an unterschiedliche Mes-
serkopfgrößen und Bauformen.
Das Kernstück des Gerätes ist der in Bild 9 vergrößert dargestellte Sensorhalter mit Schutzplatte. Die Halterung besteht im wesentlichen aus dem Einbaumikrometer ⑩ , das
eine reproduzierbare Feineinstellung vor der Messung erlaubt, sowie der Schutzplatte ⑧ mit Sperrluftzufuhr, in
der der Meßwertaufnehmer ⑪ geklemmt wird. Diese Anordnung
soll den empfindlichen kapazitiven Aufnehmer vor mechanischer Beschädigung durch die Schneidplatten oder daran haf-
tenden Spänen und Kühlflüssigkeit schützen. Die Tastspitze
hat die Aufgabe, bei jeder Messung den absolut gleichen Abstand zwischen Meßwertaufnehmer und Fräserbezugsfläche zu
gewährleisten. Die Wahl der Bezugsfläche direkt am Meßob-
jekt hat folgende entscheidenden Vorteile:

- Temperaturbedingte Spindeldehnungen der Fräsmaschine beeinflussen das Meßergebnis nicht, da der Meßwertaufnehmer diese Bewegungen mitmacht.

- Der Fräser kann zwischen zwei Messungen aus- und wieder eingebaut werden, sofern die Zuordnung der Meßergebnisse zu den jeweiligen Zähnen gesichert ist.

Wie bereits angedeutet, liegt der Verschleißmessung ein ka-
pazitives Wegmeßverfahren zugrunde. Der Meßwertaufnehmer ⑪
und die entsprechende Verschleißmarke bilden die beiden
Platten eines Kondensators.
Ist A die Fläche einer der beiden Platten eines Kondensators und a ihr Abstand zum Zeitpunkt t, dann gilt unter der
Voraussetzung, daß die relative Dielektrizitätskonstante ε_r
des Mediums konstant und das elektrische Feld homogen ist,
die Abhängigkeit:

$$C = \varepsilon_o \cdot \varepsilon_r \cdot A \cdot \frac{1}{a} \qquad (12)$$

d.h., die Kapazität C des Kondensators nimmt mit abnehmendem
Plattenabstand a zu, der sich im Fall des Verschleißsensors
aus dem momentanen Schneidkantenversatz SV_γ und einem Sicherheitsabstand X zusammensetzt.

Durch Differentiation erhält man die absolute Empfindlichkeit des kapazitiven Weggebers zu

$$\frac{dC}{da} = - \varepsilon_o \cdot \varepsilon_r \cdot A \cdot \frac{1}{a^2} \qquad (13)$$

Die absolute Empfindlichkeit steigt demnach umgekehrt proportional zum Quadrat des Plattenabstandes an. Bei kleinen
Plattenabständen lassen sich somit sehr hohe Empfindlichkeiten erreichen.
Die Spannung, die sich zwischen zwei Platten eines Kondensators einstellt, ergibt sich zu

$$du = \frac{1}{C} \cdot \int i \, dt \qquad (14)$$

Mit (12) ergibt sich somit

$$du = \frac{a}{\varepsilon_o \cdot \varepsilon_r \cdot A} \cdot \int i \, dt \qquad (15)$$

Wird nun der Kondensator von einem Wechselstrom konstanter
Amplitude und Frequenz durchflossen, so ist die Amplitude
der Wechselspannungen zwischen den Kondensatorplatten ihrem
Abstand a direkt proportional. Dieser Zusammenhang liegt
dem hier benutzten Meßverfahren zugrunde.

Abweichungen von diesen idealisierten Bedingungen ergeben
sich einmal durch die Streuung des elektrischen Feldes.
Dieser Fehlereinfluß wurde durch Verwendung eines Schutz-
ringkondensators als Meßwertaufnehmer eliminiert. Dabei ist
die eigentliche Meßelektrode (12) mit einer Ringelektrode
(13) ummantelt, die durch einen gegengekoppelten Verstärker
genau auf dem Potential der Meßelektrode gehalten wird. Zur
Messung wird dann nur der Kern dieses Feldes herangezogen,
der als nahezu homogen angesehen werden kann.

Genauigkeit und Reproduzierbarkeit der Messungen hängen ent-
scheidend davon ab, ob und wieviel der Meßwert bei Positionierungenauigkeiten der Maschine beim Einfahren der Meßposition verfälscht wird. Um die universelle Verwendbarkeit
des Meßgerätes nicht durch die Forderung nach einer hohen
Positioniergenauigkeit der Maschine einzuschränken, muß gefordert werden, daß Positionierfehler $\leq \pm$ 0,05 mm keinen
Einfluß auf das Meßergebnis haben dürfen.
Wie Bild 10 zeigt, haben Positionierungenauigkeiten in
y-Richtung in einem weiten Bereich um die gewählte Meßposition keinen Einfluß auf das Meßsignal, dies gilt auch für
Positionierungenauigkeiten in x-Richtung, die in den oben
genannten Grenzen liegen.

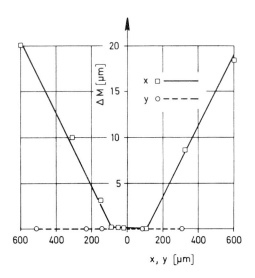

Bild 10: Meßwertbeeinflussung durch Positionierungenauigkeiten der Maschine

Bild 11 zeigt die Eichkurve des Verschleißmeßgerätes mit dem
für die Verschleißmessungen eingesetzten Wegaufnehmer. Als
Normal für die Längenmessung wurde ein Laser-Interferometer
benutzt.
Der lineare Meßbereich beträgt ca. 500 um bei einem Auflö-
sungsvermögen von 1 μm. Wird die Verschleißmessung mittels
DV-Anlage weiterverarbeitet, und kennt der Rechner die jeweilige Eichkurve, so kann der Meßbereich auch ins nichtlineare Gebiet hinein erweitert werden. Im vorliegenden Fall
steht somit ein Meßbereich ($\triangleq$ SV_γ + Sicherheitsabstand) von
ca. 800 μm zur Verfügung.

Der Sensor läßt sich im intermittierenden Betrieb ebenso
zur Erkennung eines Werkzeugbruchs einsetzen, da der Ausbruch im Prinzip nichts anderes darstellt, als ein Ver-
schleißwert, der eine bestimmte, zuvor festgelegte Größe
übersteigt.

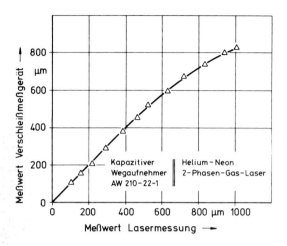

Bild 11: Eichkurve eines kapazitiven Wegaufnehmers

Das Gerät wird in einer ähnlichen Konfiguration von mehreren Industriefirmen zur automatischen Werkzeugüberwachung an verketteten Maschinen eingesetzt.

2.4.2 Verschleißmessung mittels Meßmikroskops

Da der Verschleißsensor, bedingt durch das Prinzip der kapazitiven Wegmessung, einen integralen VB-Wert mißt, der etwa dem der Meßstellen (9) bzw. (12) in Bild 12 entspricht, es für die vorliegende Arbeit jedoch unumgänglich war, die Maximalwerte des Verschleißes sowie die makro- und mikroskopische Verschleißausbildung zu erfassen und gegebenenfalls zu dokumentieren, wurde der Verschleiß auch optisch vermessen.

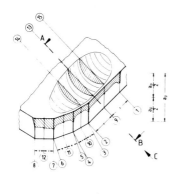

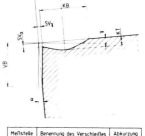

Schnitt A-B

Ansicht in Pfeilrichtung C

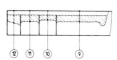

Meßstelle	Benennung des Verschleißes	Abkurzung
1,9,2	Verschleißmarkenbreite der Hauptschneide	VB_H
3,10,4	Verschleißmarkenbreite der Hauptschneidenfase	VB_{HF}
5,11,6	Verschleißmarkenbreite der 45°-Fase	VB_{45}
7,12,8	Verschleißmarkenbreite der Nebenschneidenfase	VB_{NF}
13,14,15	Kolkverschleiß	KT,KM,KB

Bild 12: Meßstellen für Kolk- und Freiflächenverschleiß

Diese Messungen wurden an der ausgespannten Wendeschneidplatte unter einem Universal-Meß-Mikroskop[*) bei 20 - 80-
facher Vergrößerung durchgeführt. Die Freiflächenverschleiß-
messungen wurden je nach Plattentyp an maximal 12 Meßstellen vorgenommen.
Die Freiflächenverschleißmessung erfolgte in Anlehnung an
die ISO-Empfehlungen [74]. Abweichungen ergeben sich lediglich bei der Wahl der Meßstellen: Diese wurden bei den vorliegenden Untersuchungen von vornherein festgelegt und während sämtlicher Versuchsreihen nicht geändert, während nach
ISO [74] meist der Maximalwert des Verschleißes des jeweiligen Schneidenteils von Interesse ist, unabhängig davon,
wo er auftritt.

*) Carl Zeiss, Oberkochen

Es ist zweckmäßig, als Bezugspunkt für die Freiflächenverschleißmessung den unverschlissenen Schneidkantenteil her-
anzuziehen (Bild 13).

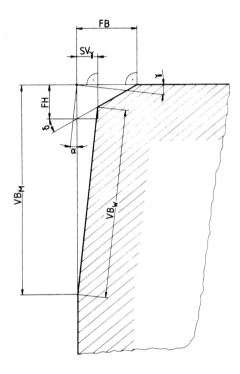

Bild 13: Zusammenhang zwischen Verschleißmeßgröße (VB_M)
und wahrem Verschleiß (VB_W)

Diese Vorgehensweise führt zwar zu einem systematischen Meßfehler, solange der Schneidkantenversatz SV_γ noch kleiner
als die Fasenbreite FB der zugehörigen Schneidkante ist.
Dieser Meßfehler kann durch eine Korrekturfunktion, die
sich aus den geometrischen Zusammenhängen in Bild 13 ableiten läßt, beseitigt werden.

$$VB = \begin{cases} \dfrac{VB_M - FH}{\cos\gamma - \dfrac{FH}{FB} \cdot \sin\alpha} & \text{(16)} \\[2em] \text{für } VB_M \leq FB \cdot \dfrac{\cos\gamma}{\sin\alpha} \; ; \\[1em] VB_M / \cos\gamma & \text{(17)} \\[1em] \text{für } VB_M > FB \cdot \dfrac{\cos\gamma}{\sin\alpha} \end{cases}$$

Die geometrische Form der Auskolkung auf der Spanfläche wurde mit einem Tastschnittgerät[*] gemessen. Die Tastschnittebenen lagen wie im Schrifttum [71] im Abstand b/4, b/2 und 3 b/4.
Als Meßgrößen zur Charakterisierung des Kolkverschleißes war es bisher üblich, Kolktiefe (KT) und Kolkmitte (KM) (Bild 12) zu messen und hieraus das Kolkverhältnis

$$K = \frac{KT}{KM} \qquad (18)$$

zu errechnen.
Während in den ISO-Empfehlungen [74] die Kolkmitte auf die unverschlissene Werkzeugschneide bezogen wird, wählt man in einigen neueren Veröffentlichungen [79, 80] die verschlissene Schneidkante als Bezugspunkt.

Beide Empfehlungen stellen naturgemäß Kompromisse dar, die den Wert des so gemessenen Kolkmittenabstandes für Verschleißuntersuchungen beeinflussen.
Wird KM entsprechend den ISO-Empfehlungen gemessen, so ergibt sich zunächst die Schwierigkeit, daß die unverschlissene Schneidkante auf dem Meßschrieb des Tastschnittgerätes

[*] Perth-O-Meter Universal S4 Bd
Firma Perthen GmbH, Hannover

nicht erscheint. Es gäbe nun die Möglichkeit, parallel zur
unverschlissenen Schneidkante auf der Spanfläche eine Mar-
kierung (z.B. Kerbe) aufzubringen, die vom Meßgerät erfaßt
wird und als Bezugspunkt herangezogen werden kann.
Diese Kerbe schwächt allerdings den Schneidkeil und kann
zum Ausgangspunkt von Rissen werden, die zu einem Werkzeug-
bruch führen, der mit den Eingangsgrößen des Fräsprozesses
in keinem Zusammenhang steht.

Die zweite Meßvorschrift benutzt zwar die im Meßschrieb
sichtbare verschlissene Schneidkante als Bezugspunkt. Der
so ermittelte Kolkmittenabstand wird jedoch über den Freiflächenverschleiß (SV_γ) beeinflußt. Span- und Freiflächenverschleiß, die aufgrund der unterschiedlichen Verschleißmechanismen ganz anderen Wachstumsgesetzen gehorchen, werden
auf diese Art und Weise miteinander verbunden.

Die letztgenannte Meßvorschrift gestattet jedoch eine exak-
tere Beschreibung der augenblicklichen Schneidteilgeometrie,
die für die Berechnung der Werkzeugbeanspruchung von aus-
schlaggebender Bedeutung ist.
Innerhalb der dieser Arbeit zugrundeliegenden Versuchsreihen
wurde deshalb der Spanflächenverschleiß nach der letztgenannten Meßvorschrift ermittelt.

2.4.3 Rasterelektronenmikroskop und Mikrosonde

Da sich Kamm- und Querrisse in HM-Wendeschneidplatten mit
konventionellen lichtmikroskopischen Untersuchungsmethoden
in einem frühen Wachstumsstadium praktisch überhaupt nicht
und in einem späteren Wachstumsstadium nur relativ schwer
erkennen lassen, wurden die diesbezüglichen Untersuchungen
mittels Rasterelektronenmikroskop (REM) durchgeführt.
Für die Untersuchungen der Verschleißmechanismen, die bei
der Ausbildung des Spanflächenverschleißes maßgeblich be-
teiligt sind, stand eine Mikrosonde zur Verfügung.

2.5 Versuchswerkzeuge und Versuchswerkstücke

Um die zu ermittelnden Abhängigkeiten des Schnittkraft- und
Verschleißverhaltens nicht nur auf ein Fräsverfahren und
eine Fräsergeometrie zu beschränken, wurden die Untersuchungen beim Stirn-Planfräsen und Umfangs-Planfräsen [76] durchgeführt.
Beim Stirn-Planfräsen kamen Fräser mit negativer und posi-
tiver Schneidteilgeometrie zum Einsatz (Tabelle 3).

Fraserbezeichnung nach DIN 8589	Kurzbezeichnung	Bezeichnung der Wendeschneidplatten nach DIN 4968 und DIN 4987	Schneidkeilgeometrie in engebautem Zustand											Nenndurchmesser in mm	Mittlerer Flugkreisdurchmesser bei $a_p=3$mm in mm
			γ	γ_s	γ_f	α	α_s	α_f	κ	κ_f	λ	ε	Fasen in mm		
Stirnplanfraser für negative Wendeschneidplatten	N	SNAN 1204 EN	-6°	-4°	-7°	6°	6°	23°	75°	60°/30°/0°	-6°	90°	1,4/0,8/1,4	125	125,8
Stirnplanfraser für positive Wendeschneidplatten	P	SPAN 1203 EDR	2°	0°	8°	9°	9°	29°	75°	45°/0°	8°	90°	0,8/1,4	125	125,8
	W	TPJN 1603 AER	2°	-11°	14°	9°	13°	12°	45°	0°	17°	60°	1,2	125	128
Umfangsplanfraser	U	MPHX 0803 ZZR	0°	0°	5°	11°	11°	16°	90°		5°	86°		125	125

Tabelle 3: Geometrische Daten der Versuchswerkzeuge

Um Aussagen über den Zusammenhang von Spanungsdicke, Zerspankraft und Verschleiß machen zu können, war es notwendig,
die Versuche mit Einzahnfräsern durchzuführen. Diese grund-
legenden Zusammenhänge beim Einsatz von Mehrzahnfräsern zu
untersuchen, würde nur dann zum Erfolg führen, wenn es ge-
länge, die Zerspankraftkomponenten jedes einzelnen Fräser-
zahnes getrennt zu messen. Dies ist jedoch derzeit nur möglich, wenn Steifigkeitseinbußen im Werkzeug inkaufgenommen
werden können, was bei der Dynamik des Fräsvorganges und
der geforderten Übertragbarkeit der Meßwerte nicht möglich
ist.

Als Schneidstoff wurden ausschließlich unbeschichtetes Hartmetall in Form von Wendeschneidplatten eingesetzt. Soweit
irgend möglich, wurde angestrebt, die Versuche nur mit Hartmetall der Zerspanungsanwendergruppe P 25 durchzuführen.

Hiervon wurde nur dann abgewichen, wenn es der Werkstoff und
der angestrebte Praxisbezug unbedingt erforderten.

Die Platten wurden je HM-Sorte aus einer Pulvermischung her-
gestellt und vom Hersteller mittels zerstörungsfreien Prüf-
methoden im Hinblick auf möglichst gleichmäßiges Standzeitverhalten ausgewählt.

Die Daten der Versuchswerkstoffe sind in Tabelle 4 zusammengefaßt. Auch hier wurde, wie schon beim Schneidstoff, be-
sonderer Wert auf die Konstanz der Werkstoffkennwerte während einer Versuchsreihe gelegt.

Kurzbezeichnung nach DIN 17006 Werkstoffnummer nach DIN 17007	Schliffbild	Wärmebehandlung	Mechanische Eigenschaften				
			Zugfestigkeit R_m N/mm²	Dehngrenze $R_{p0,2}$ N/mm²	Bruchdehnung A_5 %	Brucheinschnürung Z %	Härte $HB_{2,5}$
St 52-3 1.0841		normalisiert	511	399	27,5	75,0	142
Ck 45 1.1191		normalisiert	686	389	16,5	52,1	178
41 Cr 4 1.7035		normalisiert	776	414	15,0	55,6	213
16 Mn Cr 5 1.7131		normalisiert	533	301	20,2	79,5	148
55 Ni Cr Mo V 6 1.2713		vergütet	1367	1317	7,0	44,5	405
X 22 Cr Mo V 12.1 1.4923		vergütet	820	630	16,3	42,5	238

Tabelle 4: Gefüge und mechanische Eigenschaften der
Versuchswerkstoffe

Für die Untersuchungen beim Stirn-Planfräsen wurden Werkstücke mit den Abmessungen 100 x 100 x 500 mm^3 eingesetzt.
Die Walzhaut wurde vor Versuchsbeginn entfernt, da ihr Einfluß auf das Verschleißverhalten nicht Gegenstand der Untersuchungen ist.
Die Versuchsreihen beim Stirn-Planfräsen wurden ausschließlich bei mittiger Lage von Fräser und Werkstück durchgeführt, d.h., der Abstand von Fräsermittelpunkt zur Werk-
stückmittellinie = 0 (siehe Bild 20).

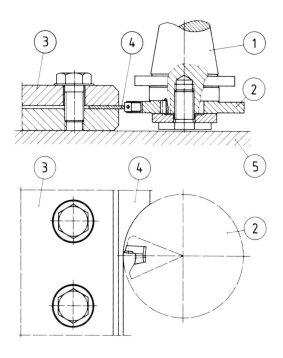

1 Aufnahmedorn	3 Werkstückspannvorrichtung
2 Scheibenfräser	4 Werkstück
	5 Maschinentisch

Bild 14: Versuchsaufbau für das Umfangs-Planfräsen

Da die für diese Untersuchungen benützte vertikale Fräsmaschine nicht in eine Horizontalfräsmaschine umrüstbar ist, wurden die Untersuchungen beim Umfangs-Planfräsen mit einem Scheibenfräser durchgeführt.
Diese Vorgehensweise ist gerechtfertigt, da sich die Zerspanungsmechanik bei dem in Bild 14 dargestellten Fräsvorgang mittels Scheibenfräser, bei dem keine der beiden Nebenschneiden in Eingriff ist, in keiner Weise von dem eines Walzenfräsers bei gleicher Schnittbreite a_p unterscheidet.

Die Werkzeugaufnahme und die Werkzeugspannvorrichtung wurde für beide Fräsverfahren so ausgelegt, daß ein stabiler Bearbeitungsvorgang bei allen Schnittgeschwindigkeiten und Vorschüben gewährleistet ist.

2.6 Fehlerabschätzung

Zerspankraftmessungen können durch einen Gesamtfehler beeinflußt werden, der sich aus den fehlerbehafteten Eingangsgrößen des Zerspanprozesses sowie aus den Fehlern der Meß-
kette zusammensetzt (Bild 15).

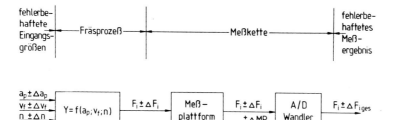

Bild 15: Schematische Darstellung der Fehlerfortpflanzung
bei der Zerspankraftmessung

Die Eingangsgrößen des Fräsprozesses, die die Zerspankraft
beeinflussen, sind für l_{fz} = const. die Schnittiefe a_p, die
Vorschubgeschwindigkeit v_f und die Fräserdrehzahl n. Wird
für das Übertragungsverhalten des Prozesses eine Abhängigkeit nach Kienzle/Victor angenommen,

$$y_p = F_i = b \cdot h^{1-m_i} \cdot k_{i1.1.1} \qquad (19)$$

so läßt sich mit Hilfe des Gauß'schen Fehlerfortpflanzungs-
gesetzes der prozeßbedingte Fehler wie folgt bestimmen [77]:

$$\Delta y_p \approx \pm \sqrt{\sum_{j=1}^{n} \left(\frac{\partial y}{\partial x_j} \circ \Delta x_i \right)^2} \qquad (20)$$

Der Fehler der Meßeinrichtung setzt sich aus den Einzelfehlern der Plattform, des A/D-Wandlers sowie der Zuordnung Zerspankraft-Spanungsdicke zusammen.

Da nicht zu erwarten ist, daß die Maxima der Einzelfehler häufig gleichzeitig auftreten, kann nach DIN 1319 [78] eine quadratische Summierung der Einzelfehler vorgenommen werden.

$$\left(\frac{\Delta y}{y}\right)_{ges} = \sqrt{\sum_{j=1}^{n}\left(\frac{\Delta y_i}{y_i}\right)^2} \qquad (21)$$

Unter den dargestellten Voraussetzungen muß bei der Messung der Zerspankraftkomponenten mit einem maximalen Gesamtfehler von

$$\left(\frac{\Delta y}{y}\right)_{ges,\ max} \leq \pm\ 6\ \%$$

gerechnet werden.

3. Analyse der mechanischen und thermischen Schneidteilbeanspruchung beim Fräsen

Die mechanische und thermische Schneidteilbelastung eines
spanabhebenden Werkzeugs läßt sich durch die Eingangsgrößen
des jeweiligen Zerspanungsvorganges beeinflussen (Bild 16).

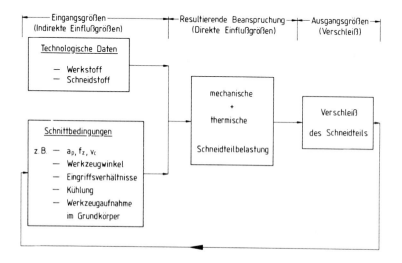

Bild 16: Direkte und indirekte Einflußgrößen des
          Verschleißprozesses

Neben den technologischen Daten des Werk- und Schneidstoffes
gehen hier vor allem die Schnittbedingungen des Zerspanvor-
ganges stark ein, wobei unter Schnittbedingungen in diesem
Fall sämtliche verfahrensbedingten Variablen zu verstehen
sind. Diese Eingangsgrößen bedingen eine ganz spezielle mechanische und thermische Schneidteilbelastung, die statische
und dynamische Anteile beinhaltet.

Die mechanische und thermische Schneidteilbelastung beim Fräsen mit Hartmetall soll in diesem Kapitel analysiert werden,
während die Reaktion des Schneidteils auf diese Belastung
- der Werkzeugverschleiß - in Kapitel 4 behandelt wird.

3.1 Belastung des Schneidteils durch äußere Kräfte

3.1.1 Grundlagen

Beim Zerspanungsvorgang dringt der Schneidteil infolge der
Relativbewegung zwischen Werkzeug und Werkstück in die Rand-
schicht des Werkstücks ein. Das Werkzeug übt hierbei auf die
in Schnittrichtung vor ihm liegenden Werkstoffbereiche Kräfte aus, die zur Ausbildung von Spannungsfeldern im Werkstück
führen [33, 81]. Diese Spannungen werden bei Annäherung an
die Schneidkante so groß, daß es zur plastischen Verformung
des Werkstoffs im Bereich der Scherebene sowie zu einem
Schervorgang unmittelbar vor der Schneidkante und damit zu
einer Spanbildung kommt (Bild 17).

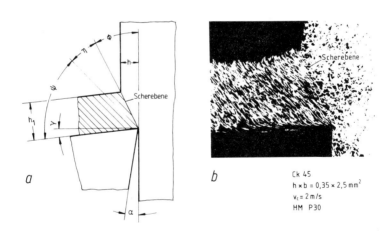

Ck 45
h x b = 0,35 × 2,5 mm^2
v_c = 2 m/s
HM P30

Bild 17: Spanbildung beim Orthogonalschnitt
a) Vereinfachtes Spanbildungsmodell
b) Spanwurzelschliff

Der Begriff der Scherebene entspricht allerdings einer
idealisierten Vorstellung des Spanbildungsvorganges [82, 83].

Den wirklichen Gegebenheiten kommt das in Bild 18 dargestellte Spanbildungsmodell wesentlich näher.

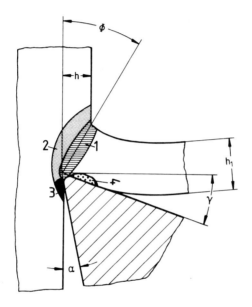

Bild 18: Verformungszonen bei der Spanbildung

Hierin werden die an der Spanentstehung beteiligten Werkstoffbereiche in einzelne Zonen aufgeteilt:

- Zone 1 umfaßt das eigentliche Gebiet der Spanentstehung
  durch Scherung.

- In Zone 2 werden durch den Spanbildungsvorgang Spannungen wirksam, die elastische und plastische Verformungen
  des Werkstoffgefüges hervorrufen.

- Die Zonen 3 und 4 werden als sekundäre Scherzonen bezeichnet, da hier durch Reibung mit der Werkzeugkontakt-

fläche an der Spanunterseite (Zone 4) und an der neuent-
standenen Werkstückoberfläche (Zone 3) Schubspannungen
wirksam werden, die zur plastischen Verformung dieser
Werkstoffschichten führen (Bild 19).

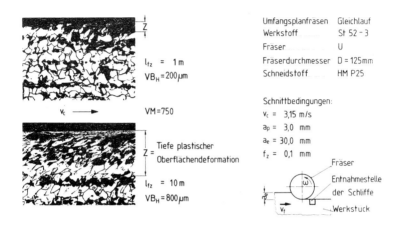

Bild 19: Plastische Deformation der Werkstückoberfläche

Die im Bereich der Zonen 3 und 4 (Bild 18) auftretende hohe
mechanische und thermische Belastung des Werkzeugs begün-
stigt den Ablauf physikalischer und chemischer Vorgänge, die
zum Verschleiß des Werkzeugs in diesen Bereichen führen.
Hierauf wird in Kapitel 4 noch ausführlich eingegangen.

Um dieses zur Spanbildung notwendige Spannungsfeld im Werkstück aufzubauen, müssen vom Schneidteil Kräfte auf das
Werkstück einwirken, die dann als Reaktionskräfte naturgemäß auch den Schneidteil belasten.
Die Vektorsumme dieser Einzelkräfte, die an sämtlichen Kontaktflächen des Schneidteils angreifen, ergibt die Zerspankraft F.
Die Komponenten der Zerspankraft F werden von der in Kap.
2.2 beschriebenen Meßplattform in einem feststehenden Koordinatensystem gemessen.

In Bild 20 sind die Zerspankraftkomponenten auf das Werkzeug
wirkend dargestellt.

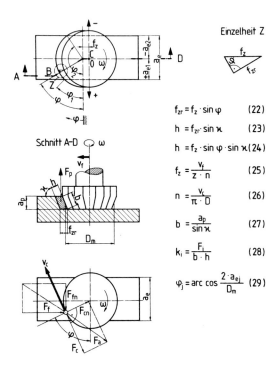

Einzelheit Z

Schnitt A-D

$$f_{zr} = f_z \cdot \sin \varphi \qquad (22)$$

$$h = f_{zr} \cdot \sin \varkappa \qquad (23)$$

$$h = f_z \cdot \sin \varphi \cdot \sin \varkappa \quad (24)$$

$$f_z = \frac{v_f}{z \cdot n} \qquad (25)$$

$$n = \frac{v_c}{\pi \cdot D} \qquad (26)$$

$$b = \frac{a_p}{\sin \varkappa} \qquad (27)$$

$$k_i = \frac{F_i}{b \cdot h} \qquad (28)$$

$$\varphi_j = \arccos \frac{2 \cdot a_{ej}}{D_m} \quad (29)$$

Bild 20: Zerspankraftkomponenten und Eingriffsverhältnisse
beim Fräsen

Projiziert man die Zerspankraft F auf die Arbeitsebene (auf-
gespannt durch Schnittgeschwindigkeits- und Vorschubgeschwin-
digkeitsvektor), so ergibt sich die Aktivkraft F_a.
F_a wird in eine Komponente parallel zur Richtung des Vor-
schubgeschwindigkeitsvektors $\overrightarrow{v_f}$, in die Vorschubkraft F_f
und in eine Komponente senkrecht dazu, in die Vorschubnormal-
kraft F_{fn}, zerlegt.
Für praxisorientierte Anwendungen ist es jedoch zweckmäßig,

diese Komponenten in ein mitrotierendes Koordinatensystem
umzurechnen.
F_a wird hierbei zerlegt in eine Komponente parallel zur Richtung des Schnittgeschwindigkeitsvektors $\vec{v_c}$, die Schnittkraft
F_c und senkrecht dazu in die Schnittnormalkraft F_{cn}.
Für die Umrechnung der Zerspankraftkomponenten des feststehenden Koordinatensystems in die des mitrotierenden Systems
gelten die folgenden Zusammenhänge, die sich aus der Darstellung in Bild 20 ableiten lassen:

$$F_c(\varphi) = F_f(\varphi) \cdot \cos \varphi + F_{fn}(\varphi) \cdot \sin \varphi \qquad (30)$$

$$F_{cn}(\varphi) = F_f(\varphi) \cdot \sin \varphi - F_{fn}(\varphi) \cdot \cos \varphi \qquad (31)$$

Die Passivkraft F_p ist zwar betragsmäßig von φ abhängig,
verändert jedoch die Winkellage bei einer Variation von φ
relativ zum feststehenden Koordinatensystem nicht und kann
deshalb direkt übernommen werden.
Werden F_f und F_{fn} mit den aus der Zerspankraftmessung ermittelten Vorzeichen in die Formeln 30 und 31 eingesetzt
- d.h. F_f für φ ungefähr $\geq 110^{\circ}$ mit negativem Vorzeichen -,
und wird der Bezugspunkt für φ entsprechend Bild 20 gewählt,
so gelten die Beziehungen 30 und 31 für Gegen- und Gleichlauffräsen.

3.1.2   Zerspankraftkomponenten und ihre Einflußgrößen

3.1.2.1 Berechnung der Zerspankraftkomponenten beim Fräsen

Die umfangreichen Fräsversuche, die dieser Arbeit zugrunde-
liegen, haben gezeigt, daß die Abhängigkeit der spezifischen
Zerspankraftkomponenten von der Spanungsdicke in weiten Bereichen gut durch eine Ausgleichsgerade dargestellt werden
kann (Bild 21).

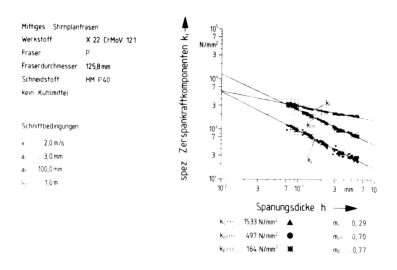

Bild 21: Spezifische Zerspankraftkomponenten in Abhängigkeit von der Spanungsdicke

Dies bedeutet, daß im dargestellten Spanungsdickenbereich
die Zerspankraftformel nach Kienzle/Victor (3) angewendet
werden kann.
Diese Aussage gilt

- für Stirn- und Umfangsplanfräsen
- für alle drei Zerspankraftkomponenten
- für alle untersuchten Werkstoffe

In Bild 22 sind die Zusammenhänge wiedergegeben, die zu der
bekannten k_i = f(h)-Darstellung bei doppeltlogarithmischer
Auftragung führen.

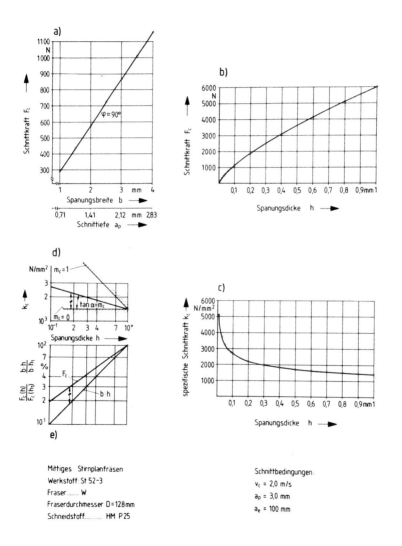

<u>Bild 22:</u> Absolute und spezifische Schnittkraft als
Funktion der Spanungsgrößen

Bild 22a zeigt, daß die absolute Schnittkraft linear von der
Spanungsbreite bzw. von der Schnittiefe abhängt. Bei wach-
sender Spanungsbreite ändert sich lediglich die beaufschlag-
te Hauptschneidenlänge, während der Spanbildungsmechanismus
und das Belastungsprofil senkrecht zur Schneide unabhängig
von b sind.
Wird dagegen bei konstanter Spanungsbreite bzw. Schnittiefe
die Spanungsdicke variiert (Bild 22b), so ändert sich der
Spanbildungsmechanismus und damit das Belastungsprofil senkrecht zur Schneide. Dies hat ein stark nichtlineares Verhalten der Zerspankraftkomponenten vor allem bei kleinen Spanungsdicken zur Folge.

In Bild 22c wird von der absoluten zur spezifischen Schnittkraft übergegangen und diese Größe ebenfalls über der Spanungsdicke aufgetragen. Dieser Zusammenhang läßt sich durch
Übergang auf die doppeltlogarithmische Auftragungsart line-
arisieren und in bestimmten Spanungsdickenbereichen durch
einen Potenzansatz beschreiben (Bild 22d), der sich bei
doppeltlogarithmischer Auftragung als Gerade darstellt, deren Verlauf durch Angabe der Steigung (m_i) und eines Punk-
tes ($k_{i1.1.1}$) hinreichend beschrieben werden kann.
$k_{i1.1.1}$, der sogenannte Hauptwert der spezifischen Zerspankraft, kann darin als Maß für die absolute Höhe der spezifischen Zerspankraftkomponente und m_i als Maß für die Spanungsdickenabhängigkeit interpretiert werden.

In Bild 22e wurde über der Spanungsdicke die absolute
Schnittkraft (entsprechend Bild 22b) und der Spanungsquerschnitt b · h aufgetragen.
Da F_c, so lange die in Bild 22b dargestellte degressive
Spanungsdickenabhängigkeit Gültigkeit besitzt, in Bild 22e
immer eine geringere Steigung aufweist als der linear von
h abhängige Spanungsquerschnitt, muß die durch Division aus
F_c und b · h entstandene spezifische Schnittkraft k_c mit
abnehmender Spanungsdicke größer werden.
Je größer der Einfluß der Spanungsdicke auf die Schnittkraft

ist, desto mehr nähert sich F_c in dieser Darstellung der
b ·h-Geraden, desto geringer ist aber der Steigungswert der
spezifischen Schnittkraft m_c.

Generell gilt:

kleines m_i → großer Einfluß der Spanungsdicke auf die
absoluten Zerspankraftkomponenten F_i

großes m_i → geringer Einfluß der Spanungsdicke auf
die absoluten Zerspankraftkomponenten F_i

Der Spanungsdickenbereich sowie der Steigungsbereich, für
den der Kienzle-Victor-Ansatz Gültigkeit hat, muß und kann
eingeschränkt werden, wie die folgenden Überlegungen zeigen:

Differenziert man Formel 3 nach der Spanungsdicke,

$$\frac{\partial F_i}{\partial h} = (1-m_i) \cdot b \cdot h^{-m_i} \cdot k_{i1.1.1} \tag{32}$$

so erhält man die Tangentengleichung der Kurve in Bild 22b.
Es zeigt sich, daß diese Kurve für h = 0 eine senkrechte
Tangente besitzen müßte:

$$\lim_{h \to 0} \frac{\partial F_i}{\partial h} \to \infty \tag{33}$$

Desgleichen müßte man laut Gleichung 32 für große Spanungsdicken eine horizontale Tangente erwarten:

$$\lim_{h \to \infty} \frac{\partial F_i}{\partial h} \to 0 \tag{34}$$

Diese mathematischen Grenzwerte werden allerdings durch den
realen Zerspanungsvorgang noch weiter eingeschränkt.

Da bei h = 0 am Werkzeug immer noch die Freiflächenkräfte angreifen, muß an diesem Punkt mit einer endlichen Tangentensteigung gerechnet werden. Wird dagegen bei sehr großen Spanungsdicken die Tangentensteigung zu Null, so würde dies eine von der Spanungsdicke unabhängige Zerspankraft bedingen. Da jedoch die Zerspanarbeit stark spanungsdickenabhängige Anteile (z.B. die Scherarbeit) besitzt [82], kann diese mathematische Folgerung nicht aufrechterhalten werden. Die Tangentensteigung der Kurve in Bild 22b muß demnach auch bei großen Spanungsdicken > 0 sein.
Dies ist gemäß Formel 32 aber nur dann möglich, wenn $m_i < 1$ gilt.
Auf der anderen Seite muß $m_i \geq 0$ sein, da die Spanungsdickenabhängigkeit der Zerspankraftkomponenten nur degressiv [86] ($m_i > 0$) oder linear [90] ($m_i = 0$), aber nicht progressiv [82] ($m_i < 0$) sein kann. Es gilt demnach:

$$0 \leq m_i < 1$$

Dieser Variationsbereich des Steigungswertes m_c ist in Bild 22d dargestellt.

3.1.2.2 Einfluß des Fertigungsverfahrens

Bei Grundlagenuntersuchungen an spanenden Fertigungsverfahren mit geometrisch bestimmter Schneide wie z.B. Bohren, Räumen, Hobeln wird häufig versucht, durch entsprechende Anpassung des Drehprozesses Analogieversuche beim Drehen durchzuführen und die so ermittelten Zerspankraftkennwerte auf andere Fertigungsverfahren zu übertragen [54, 86, 93].

Dies hat folgende Gründe:

- Da das Werkzeug beim Drehprozeß nur die lineare Vor-
  schubbewegung ausführt, lassen sich Meßelemente sehr
  leicht anbringen, so daß prozeßbeschreibende Größen,
  wie Zerspankräfte und Werkzeugtemperaturen, ohne gros-
  sen versuchstechnischen Aufwand erfaßt werden können.

- Durch den kontinuierlichen Schnitt sind die dynamischen Belastungen von Maschine und Meßelementen beim
  Drehen vergleichsweise gering.

- Beim Drehen liegt bereits eine große Anzahl von Versuchsergebnissen vor.

In Bild 23 sind den bezogenen Hauptwerten der spezifischen
Zerspankraftkomponenten die entsprechenden Werte aus Drehversuchen gegenübergestellt.
Hierbei wurden zunächst die Zerspankraftkomponenten beim
Drehen aus entsprechenden Literaturangaben [95] errechnet
und diesen dann die entsprechenden Werte aus Drehversuchen
mit Fräsplatten sowie Ergebnisse aus Fräsversuchen gegenübergestellt.
Es zeigt sich, daß die Zerspankraftkomponenten beim Drehen
um 25 - 35 % niedriger anzusetzen sind als entsprechende
Fräswerte.
Dies beruht in der Hauptsache darauf, daß schon bei arbeits-
scharfer Schneide Unterschiede in der Makrogeometrie der
Wendeschneidplatten festzustellen sind. Während beim Drehen
vorwiegend Radiusplatten ohne gefaste Schneidkanten eingesetzt werden, sind beim Fräsen aus Stabilitätsgründen fast
ausschließlich Platten im Einsatz, die Eckenfasen sowie an-
gefaste Schneidkanten aufweisen.
Bei sonst vollkommen identischer Schneidteilgeometrie bedingt allein schon dieser Unterschied wesentlich höhere
Zerspankraftkomponenten beim Einsatz von Fasenplatten im
Vergleich zu konventionellen Drehplatten.

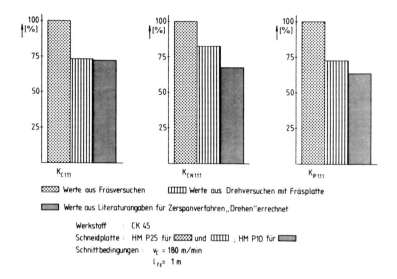

Werkstoff : CK 45
Schneidplatte : HM P25 für [⬚] und [|||||] ; HM P10 für [▨]
Schnittbedingungen : $v_c = 180$ m/min
$l_{fz} = 1$ m

Bild 23: Gegenüberstellung der spezifischen Zerspankraftkomponenten für Drehen und Fräsen

Diese Diskrepanz vergrößert sich noch, wenn außerdem der
verschleißbedingte Zerspankraftzuwachs berücksichtigt wird
[8, 9]. Als Gründe hierfür sind zu nennen:

• Aufgrund der im Vergleich zum Drehen stark unterschiedlichen Zerspanungsmechanik wirken beim Fräsen andere
Verschleißmechanismen.

• Die Zusammensetzung sowie die Korngröße der heute benutzten Fräsplatten unterscheiden sich stark von denen
der Drehplatten [7, 94]. So zeichnen sich die beim Fräsen eingesetzten Hartmetallsorten durch ein im Vergleich
zu den Drehsorten wesentlich feinkörnigeres Gefüge,
einen höheren Kobalt- sowie einen niedrigeren Tantal-
und Titankarbidanteil aus.

3.1.2.3 Einfluß des Fräsverfahrens

Um die Übertragbarkeit der beim Stirnplanfräsen ermittelten
Zerspankraftkennwerte auf andere Fräsverfahren zu überprüfen und so gegebenenfalls eine Erweiterung des Gültigkeitsbereichs dieser Kennwerte vornehmen zu können, wurden zusätzlich Versuche beim Umfangsplanfräsen durchgeführt.
Aus Bild 24 ist ersichtlich, daß sich die Parameter der
vergleichbaren Versuchsreihen beim Stirnplan- und Umfangs-
fräsen lediglich im Rahmen der Werkzeugwinkel, der Anzahl
der Eckenfasen und der Eingriffsgrößen unterscheiden.

	Wendeschneid-platten	γ [°]	α [°]	κ [°]	λ [°]	Anzahl der Eckenfasen	Untersuchter Spanungsdickenbereich [mm]	Ein- bzw. Austrittswinkel	Nebenschneide im Eingriff ?
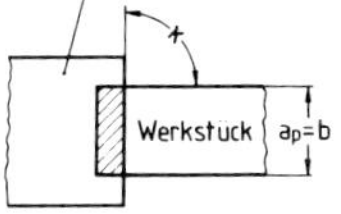 Umfangsplanfräsen	MPHX	0	11	90	-5	0	$0 < h \leq 0{,}54$	Gegenlauf: $\varphi_1 = 0°$ $\varphi_2 = 58{,}7°$ Gleichlauf: $\varphi_1 = 121{,}3°$ $\varphi_2 = 180°$	Nein
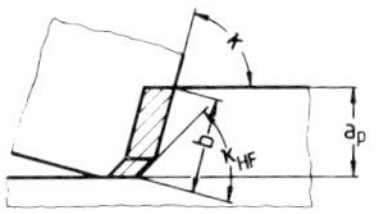 Stirnplanfräsen	SPAN	2	9	75	8	2	$0{,}058 \leq h \leq 0{,}96$	$\varphi_1 = 37{,}4°$ $\varphi_2 = 142{,}6°$	Ja
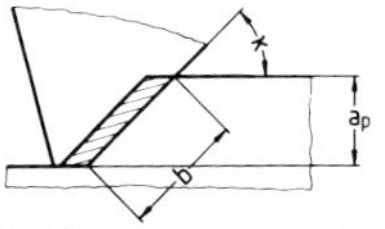 Stirnplanfräsen	TPJN	2	9	45	17	1	$0{,}044 \leq h \leq 0{,}70$	$\varphi_1 = 38{,}6°$ $\varphi_2 = 141{,}4°$	Ja

Bild 24: Verfahrensbedingte Unterschiede zwischen
Stirnplan- und Umfangsplanfräsen

Trotz dieser Unterschiede läßt sich die Spanungsdickenabhängigkeit der spezifischen Zerspankraftkomponenten beider
Fräsverfahren im Spanungsdickenbereich $0{,}05 \leq h \leq 1$ mm gut
durch eine Ausgleichsgerade darstellen, wie Bild 25 am Beispiel der spezifischen Schnitt- und Schnittnormalkraft zeigt.

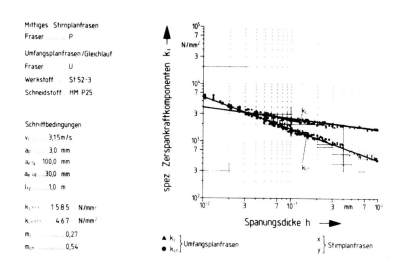

Mittiges Stirnplanfrasen
Fraser ... P

Umfangsplanfrasen /Gleichlauf
Fraser ... U
Werkstoff ... St 52-3
Schneidstoff HM P25

Schnittbedingungen
v_c ... 3,15 m/s
a_p ... 3,0 mm
$a_{e\,st}$ ... 100,0 mm
$a_{e\,ur}$ ...30,0 mm
l_{r2} ...1,0 m

$k_{c\,1\cdot1}$ 1585 N/mm^2
$k_{cn\,1\cdot1}$ 467 N/mm^2
m_c ... 0,27
m_{cn} ... 0,54

spez Zerspankraftkomponenten k_i

Spanungsdicke h →

▲ k_c } Umfangsplanfrasen
● k_{cn}

x } Stirnplanfrasen
y

Bild 25: Spezifische Zerspankraftkomponenten bei unterschiedlichen Fräsverfahren

Werden die absoluten Zerspankraftkomponenten über der Spanungsdicke h bzw. dem Eingriffswinkel φ aufgetragen und mit
den entsprechenden Werten für das mittige Stirnplanfräsen
verglichen (Bild 26), so zeigt sich, daß die Zerspankraftkomponenten unterschiedlicher Fräsverfahren bei vergleichbaren Randbedingungen und vergleichbarem Verschleißzustand
(hier "arbeitsscharfes" Werkzeug) ineinander übergerechnet
bzw. durch identische Zerspankraftkennwerte beschrieben
werden können (Bild 27).
Dies bedeutet jedoch, daß der Anteil der an der Nebenschneidenfase angreifenden Kräfte relativ zu den an der Hauptschneide angreifenden Kräften vernachlässigbar gering ist.
Die Umrechnung der Zerspankraft vom Stirn- zum Umfangsplanfräsen sollte allerdings nicht in Spanungsdickenbereiche
h < 0,05 mm ausgedehnt werden. Da die Spanabnahme beim
Gleich- bzw. Gegenlauffräsen im Bereich sehr kleiner Spanungsdicken endet bzw. beginnt (theoretisch sogar bei h = 0!),

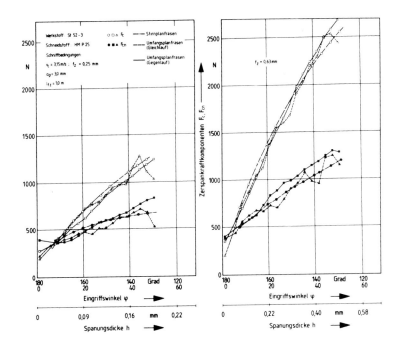

Bild 26: Vergleich der absoluten Schnitt- und Schnittnormalkräfte beim Stirnplan- und Umfangsplanfräsen

aus Stabilitätsgründen beim Fräsen jedoch Schneidplatten
eingesetzt werden, die an der Hauptschneide angefast sind,
d.h. einen relativ großen Schneidkantenradius besitzen, wird
bei diesen Fräsverfahren teilweise in Spanungsdickenbereichen
gearbeitet, in denen die Mindestspanungsdicke unterschritten
ist [96]. Dieser Bereich ungünstiger Eingriffsbedingungen
erstreckt sich beim Gegenlauffräsen bei sonst konstanten
Randbedingungen in höhere Spanungsdickenbereiche als beim
Gleichlauffräsen (Bild 26; $f_z = 0,25$), da beim Gegenlauffräsen der Trennvorgang zur Spanbildung bei sehr kleinen Spanungsdicken in Gang gebracht werden muß, während beim
Gleichlauffräsen ein bei größeren Spanungsdicken begonnener
Spanbildungsvorgang bis zu kleineren Spanungsdicken aufrecht-

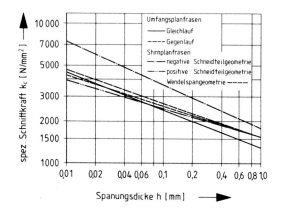

Schnittbedingungen:

Werkstoff........St 52-3

Schneidstoff....HM P25

v_c = 1,25 m/s

a_p = 3,0 mm

l_{fz} = 1,0 m

Bild 27: Spezifische Schnittkraft in Abhängigkeit der Spanungsdicke für verschiedene Schneidteil-geometrien

erhalten werden kann als beim Gegenlauffräsen.

Diese Tendenz ist beim größeren Vorschub f_z = 0,63 (Bild 26) zwar noch vorhanden, allerdings nicht mehr so ausgeprägt, da sich hier bei φ = 5° schon eine theoretische Spanungsdicke von h > 0,05 mm ergibt.

Die beim Unterschreiten der Mindestspanungsdicke auftreten-den Quetschvorgänge bedeuten von der Höhe der hieraus resul-tierenden Zerspankraftkomponenten keine direkte Gefährdung der Werkzeugschneide. Da sie jedoch in der Hauptsache an der Freifläche angreifen, führen sie innerhalb des Schneidkeils zu einer sehr hohen Schubspannungsbeanspruchung parallel zur Spanfläche, die beim Gegenlauffräsen nach wenigen Schnitt-zahlen zu einem Abplatzen der Spanfläche führt.

Diese starke plastische Deformation der oberflächennahen
Werkstoffschichten (Bild 19) kann bei duktilen Werkstoffen
zu einer erheblichen Verfestigung der Werkstückoberfläche
führen.
Untersuchungen am Werkstoff St 52-3 ergaben senkrecht zur be-
arbeiteten Oberfläche eine plastisch deformierte Zone, die
sich bis zu einer Tiefe von ~ 0,1 mm erstreckt, und damit
mit Sicherheit größer ist, als die beim höchsten Schnitt in
diesem Bereich abzunehmende Spanungsdicke.
Die Härtezunahme lag zwischen 40 % und 240 % der des Aus-
gangsmaterials.

Diese Unregelmäßigkeit im Spanbildungsvorgang ist auch der
Grund, weshalb für h < 0,05 mm die spezifischen Zerspankraftkomponenten in der doppeltlogarithmischen $k_i = f(h)$-Darstel-
lung (Bild 25) von der linearen Ausgleichsgeraden abweichen.
Hinzu kommt noch, daß sich die aus derartigen Unregelmäßigkeiten resultierenden Zerspankraftänderungen beim Übergang
von der absoluten zur spezifischen Darstellung durch Division mit einem sehr kleinen Nenner überproportional bemerkbar machen.

Diese Abweichungen waren bei allen im Rahmen dieser Arbeit
untersuchten Werkstoffen wesentlich kleiner als die, die
von Kamm [71] bei Ck 45 festgestellt wurden. Da sich diese
Abweichungen zudem auf einen kleinen Spanungsdickenbereich
beschränken, und sie bei h = const. eine schwer darstellbare
Funktion des Verformungsvermögens des Werkstoffs, der
Schneidteilgeometrie und der Schnittbedingungen sind, wurde
auf die Beschreibung des Zerspankraftverlaufs durch die von
Kamm vorgeschlagene Funktion verzichtet.

3.1.2.4 Einfluß der Schnittgeschwindigkeit

Die Schnittgeschwindigkeit wirkt sich über die Formänderungsfestigkeit des Werkstoffs k_f auf die Zerspankraftkomponenten
aus. Nach Schack [97] ist die Formänderungsfestigkeit eine
Funktion der Formänderung, der Formänderungsgeschwindigkeit
sowie der Umformtemperatur

$$k_f = f(\varphi, \dot\varphi, \Theta) \qquad (35)$$

Das bei der Zerspanung von Kohlenstoffstählen von Meyer [16]
und Deselaers [98] in Abhängigkeit von v_c gefundene Zer-
spankraftmaximum verschiebt sich mit kleiner werdenden Spanungsdicken in Bereiche höherer Schnittgeschwindigkeiten.

Diese sogenannte Blausprödigkeit von Kohlenstoffstählen beruht auf einer Wechselwirkung zwischen Versetzungen und
interstitiell gelösten Kohlenstoff- und Stickstoffatomen,
dem sogenannten Cottrell-Effekt [99, 100]. Nach Schack [97]
können hierbei 3 Bereiche unterschieden werden (Bild 28):

Bereich 1: Abfall der Formänderungsfestigkeit mit steigender
           Temperatur.
           Nach Losreißen der Versetzungen von den Fremd-
           atomwolken haben die Fremdatome keinen Einfluß
           auf die Versetzungswanderung mehr.
           Durch das Losreißen der Versetzungen tritt eine
           ausgeprägte Streckgrenze auf. Der Fließvorgang ist
           nur noch temperaturabhängig, d.h., die Festig-
           keitswerte des Werkstoffs nehmen mit steigender
           Temperatur ab.

Bereich 2: Zunahme der Formänderungsfestigkeit mit steigen-
           der Temperatur.
           Die gesteigerte Temperatur führt zu einem erhöh-
           ten Diffusionsvermögen der Fremdatome, die von
           den Versetzungen gleichsam mitgeschleppt werden.

Die Versetzungswanderung wird erschwert. Die
Festigkeitswerte des Werkstoffs nehmen mit stei-
gender Temperatur zu.
Die Streckgrenze ist noch zu sehen.

Bereich 3: Abnahme der Formänderungsfestigkeit mit steigender Temperatur.
Durch die hohen Temperaturen ist die Diffusions-
geschwindigkeit der Fremdatome so groß, daß sie
den Versetzungen folgen können, ohne diese zu be-
hindern. Der Fließvorgang ist, wie in Bereich 1,
nur noch temperaturabhängig.
Eine ausgeprägte Streckgrenze läßt sich in diesem Bereich nicht mehr erkennen.

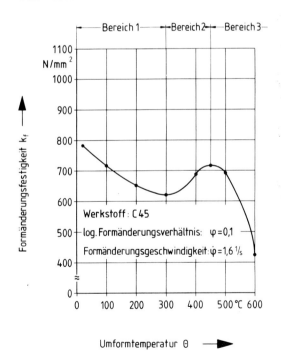

Bild 28: Formänderungsfestigkeit in Abhängigkeit der
Umformtemperatur

In Bild 29 ist die Abhängigkeit der Hauptwerte der spezifischen Zerspankraftkomponenten von der Schnittgeschwindigkeit
dargestellt.

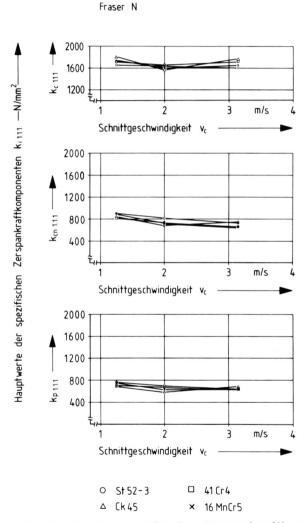

Bild 29: Hauptwerte der spezifischen Zerspankraftkomponenten
als Funktion der Schnittgeschwindigkeit

Die Ergebnisse bestätigen die oben beschriebenen Aussagen aus der Plastomechanik, anhand der die Verformungsfestigkeit oberhalb der Blaubruchsprödigkeit abnimmt (Bereich 3 in Bild 28).
Während die spezifische Schnittkraft mit steigender Schnittgeschwindigkeit nur geringfügig kleiner wird, nehmen die spezifischen Schnittnormal- und Passivkräfte stärker ab. Diese Aussage gilt für sämtliche untersuchten Werkstoffe und Schneidteilgeometrien, so daß bei der rechnerischen Ermittlung der Zerspankraftkomponenten der Schnittgeschwindigkeitseinfluß auf $k_{i1.1.1}$ durch die in Tabelle 5 angegebenen Korrekturfaktoren berücksichtigt werden kann.

$\dfrac{\Delta k_{c111}}{k_{c111}\cdot\Delta v_c}\cdot 100$	$\dfrac{\Delta k_{cn111}}{k_{cn111}\cdot\Delta v_c}\cdot 100$	$\dfrac{\Delta k_{p111}}{k_{p111}\cdot\Delta v_c}\cdot 100$
1 %	5 - 9 %	5 - 10 %
v_c in [m/s] ; Bezugspunkt $v_c = 1{,}25$ m/s		

Tabelle 5: Abnahme der Hauptwerte der spezifischen Zerspankraftkomponenten mit steigender Schnittgeschwindigkeit

Die Anstiegswerte m_i nehmen im untersuchten Geschwindigkeitsbereich zu (Bild 30). Dies bedeutet, entsprechend der Interpretation dieses Faktors in Kap. 3.1.2.1, daß die Abhängigkeit der absoluten Zerspankraftkomponenten von der Spanungsdicke mit zunehmender Schnittgeschwindigkeit geringer wird.

Dieses Verhalten läßt sich ebenfalls anhand der Untersuchungsergebnisse von Schack [97], Manjoine [101] und Finkenstein [102] erklären, wonach eine Variation des Formänderungsverhältnisses bei kleinen Formänderungsgeschwindigkeiten einen größeren Einfluß auf die Formänderungsfestigkeit ausübt als bei größeren Formänderungsgeschwindigkeiten.

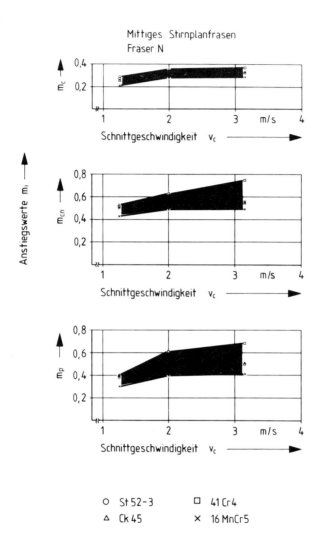

Bild 30: Anstiegswerte der spezifischen Zerspankraftkomponenten als Funktion der Schnittgeschwindigkeit

Wird diese Aussage auf den Zerspanungsvorgang übertragen, so
bedeutet dies:
Eine konstante Spanungsdickenänderung - und damit eine konstante Änderung des Formänderungsverhältnisses - hat bei kleinen Schnittgeschwindigkeiten (v_c = 1,25 m/s) eine größere Zerspankraftänderung zur Folge als bei hohen Schnittgeschwindigkeiten (v_c = 3,15 m/s).

Diese Aussage gilt ebenfalls für alle untersuchten Werkstoffe
und Schneidteilgeometrien.

3.1.2.5 Einfluß der Werkzeugwinkel

Winkeländerungen am Werkzeug wirken sich einerseits über den
Spanbildungsmechanismus auf die Zerspankraftkomponenten aus,
andererseits wird von den geänderten Zerspankraftkomponenten
in Verbindung mit der geänderten Werkzeuggeometrie die mechanische und thermische Schneidteilbelastung beeinflußt,
die sich ihrerseits im Verschleißverhalten des Werkzeugs bemerkbar macht.
Um die Beeinflussung der Ergebnisse durch die an der Nebenschneide angreifenden Zerspankraftkomponenten völlig auszu-
schließen, wurden Untersuchungen mit variablen Werkzeugwin-
keln beim Umfangsplanfräsen durchgeführt.
Bild 31 zeigt die Beeinflussung der spezifischen Zerspankraftkomponenten durch Span-, Neigungs- und Einstellwinkel.

Eine Änderung des Spanwinkels wirkt sich auf die Spanbildung
relativ stark aus, da durch Änderung von γ die Spanstauchung
und damit das Formänderungsverhältnis beeinflußt wird. Eine
Änderung des Formänderungsverhältnisses hat jedoch bei konstanter Formänderungsgeschwindigkeit nach Schack [97] eine
Änderung der Formänderungsfestigkeit zur Folge und beeinflußt so die Zerspankraftkomponenten.

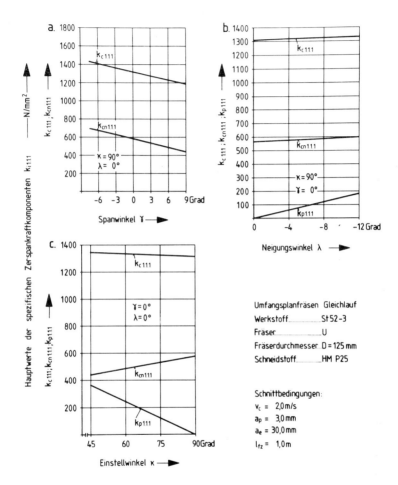

<u>Bild 31:</u> Hauptwerte der spezifischen Zerspankraftkomponenten
als Funktion der Werkzeugwinkel

Die Versuchsergebnisse in Bild 31a bestätigen diese Theorie.
Es ist demnach pro 1° Spanwinkelvergrößerung mit einer Verringerung der spezifischen Schnittkräfte um durchschnittlich
3 % und der spezifischen Schnittnormalkräfte um 7 % zu rechnen.

Diese Angaben gelten:

- nur für den angegebenen Spanwinkelbereich, der jedoch
  beim Fräsen von Eisenlegierungen aus Stabilitätsgründen
  des Schneidteils kaum überschritten werden wird.

- für Umfangsplan- und Stirnplanfräsen mit "arbeits-
  scharfen" Werkzeugen.
  Hat sich an Haupt- und Nebenschneide Verschleiß ausge-
  bildet, so wirkt sich dieser auf die spezifischen Zerspankraftkomponenten in Bild 31a in Form einer additiven Konstanten aus. Diese Konstante verändert zwar
  nicht die Steigung der Ausgleichsgeraden, wohl aber die
  absolute Höhe. Die oben angegebenen prozentualen Änderungen der Zerspankraftkomponenten verringern sich demnach mit wachsendem Verschleiß.

Neigungs- und Einstellwinkel wirken sich auf die Formände-
rungsverhältnisse und damit auf die Zerspankraftkomponenten
wesentlich weniger aus als der Spanwinkel.
Der Anstieg der spezifischen Passivkräfte in Bild 31b und
31c kann nicht allein nur durch den geometrischen Zusammenhang zwischen k_c und k_p bzw. k_{cn} und k_p erklärt werden.
Bei kleinen Neigungs- und Einstellwinkeln lagen die gemessenen Passivkräfte immer unter den Werten der errechneten.

Der in Bild 31 dargestellte Verlauf der Ausgleichsgeraden
stimmt qualitativ mit den in der Literatur [15, 16, 82, 98]
dargestellten Ergebnissen überein.

3.1.2.6 Einfluß des Werkstoffs

Zahlreiche Forscher, die sich mit dem Einfluß der Legierungs-
elemente sowie der Festigkeits- und Verformungskennwerte des
Werkstoffs auf die Zerspankraftkomponente beim Drehen und
Fräsen beschäftigen [95, 104 - 108], kamen übereinstimmend zu
dem Ergebnis, daß sich beim derzeitigen Stand der Untersuchungen zwar Tendenzen, jedoch keine Gesetzmäßigkeiten angeben lassen.
Lediglich König/Witte [107] weisen für Kohlenstoffstähle und
niedrig legierte Chromstähle einen proportionalen Zusammenhang zwischen Kohlenstoffgehalt des Werkstoffs und spezifi-
scher Schnittkraft nach.

Werden die spezifischen Zerspankraftkomponenten über den
Festigkeits- und Verformungskennwerten sowie dem C-Gehalt
der Versuchswerkstoffe aufgetragen, so zeigt sich, daß bei
beiden Fräsverfahren keine Korrelation zwischen Zerspankraftkomponenten und Werkstoffkennwerten zu erkennen ist.
Allerdings ist dabei zu beachten, daß das Spektrum der Versuchswerkstoffe nicht im Hinblick auf derartige Untersuchungen ausgewählt wurde. Auf eine Darstellung der Ergebnisse wird deshalb hier verzichtet.

3.1.2.7 Einfluß des Kühlschmiermittels

Der Einsatz von Kühlschmiermitteln bei der Zerspanung hat,
wie der Name schon sagt, zwei Aufgaben:

1. Soll durch Kühlung des Prozesses die Temperaturbelastung des Schneidteils herabgesetzt und damit
   eine Standzeitverbesserung erzielt werden.

2. Soll durch die Schmierwirkung geeigneter Additive
   das direkte Aufeinandergleiten von Werkstoff und

Schneidstoff entweder ganz verhindert oder aber
stark vermindert werden. Dies wirkt sich in einer
Verringerung der Zerspankraftkomponenten und durch
die verminderte Reibleistung in einer kleineren
Temperaturbelastung des Werkzeugs aus.

Punkt 1 kann beim Einsatz von HM-Werkzeugen nur dann einen
Standzeitgewinn bringen, wenn das Werkzeug vor Temperatur-
schocks zuverlässig geschützt werden kann. Dies ist jedoch
beim unterbrochenen Schnitt nicht möglich.
Die Kühlung des Prozesses erstreckt sich bei den üblichen
Kühlmethoden nicht nur auf das Werkzeug, sondern auch auf
die Spanbildungszone und setzt dort die Umformtemperatur
herab, was zu einer Erhöhung der Verformungsfestigkeit und
damit zwangsläufig zu einem Anstieg der Zerspankraftkomponenten führen muß.

Punkt 2 kann nur dann wirksam werden, wenn das Kühlschmiermittel in die Kontaktzonen eindringen kann. Außerdem wird
die Bildung von Schmierfilmen bei den kurzen Reaktionszei-
ten, wie sie sich bei wirtschaftlichen Schnittgeschwindigkeiten ergeben, außerordentlich fraglich.

Die im Rahmen dieser Arbeit durchgeführten Vergleichsunter-
suchungen bestätigen diese Überlegungen voll und ganz.
Es zeigte sich, daß bei der Zerspanung des hochwarmfesten
Stahles X 22 CrMoV 12.1 ohne Kühlmittel je nach Schnittgeschwindigkeit und Vorschub Zerspankräfte gemessen wurden,
die zwischen 6 % und 53 % geringer waren als die, die beim
Fräsen mit Kühlmittel gemessen wurden (Bild 32). Ein, wenn
auch nur qualitativ verwertbarer Hinweis darauf, daß die
Erniedrigung der Umformtemperatur durch die Wirkung des
Kühlschmiermittels als Ursache für den beschriebenen Zerspankraftanstieg anzusehen ist, läßt sich den Spanoberflächentemperaturen entnehmen (Bild 33).

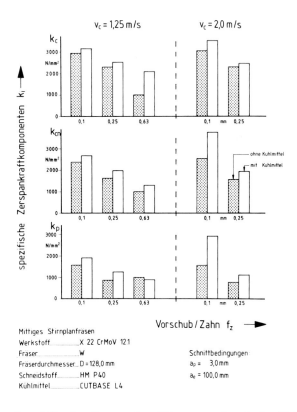

Bild 32: Spezifische Zerspankraftkomponenten beim Fräsen
mit und ohne Kühlschmiermittel

Der im Vergleich zum Trockenschnitt mit zunehmendem Vorschubweg stärkere Temperaturanstieg ist mit dem größeren
Verschleißwachstum beim Fräsen mit Kühlmittel zu erklären.
Hierauf wird in Kapitel 4 dieser Arbeit noch näher eingegangen werden.
Die von König [109] durchgeführten Untersuchungen führen
beim Drehen mit HM-Werkzeugen im Schnittgeschwindigkeitsbereich $v_c > 1,25$ m/s zu ähnlichen Ergebnissen.

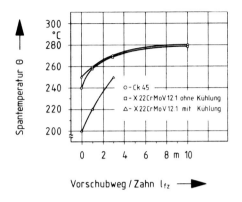

Mittiges Stirnplanfräsen   Schnittbedingungen:

Fräser..................................W v_c =   1,25 mm

Fräserdurchmesser....D = 128,0 mm a_p =   3,0 mm

Schneidstoff.................HM P25 (Ck45) a_e = 100,0 mm

                         HM P40 (X 22..) f_z =   0,25 mm

Kühlmittel...............CUTBASE L4

Bild 33: Spanoberflächentemperaturen beim Fräsen

3.1.2.8 Einfluß des Werkzeugverschleißes

Der Einfluß des Verschleißes auf die Zerspankraftkomponenten
wird in der Praxis oftmals unterschätzt. Versuche haben gezeigt, daß der verschleißbedingte Zerspankraftzuwachs beim
Fräsen nach einem Vorschubweg von l_{fz} = 10 m Werte von ca.
100 % erreichen kann. Derartige Größenordnungen dürfen bei
der Auslegung von Werkzeugmaschinen, Werkzeugen und Vorrichtungen nicht außer acht gelassen werden und können aufgrund
der komplexen Abhängigkeiten des Werkzeugverschleißes nur
ungenau mit Hilfe von Korrekturfaktoren berücksichtigt werden.

Bild 34 zeigt, daß sich die spezifischen Zerspankraftkomponenten in Abhängigkeit vom Vorschubweg in doppeltlogarithmischer Darstellung gut durch eine Regressionsgerade darstellen lassen.

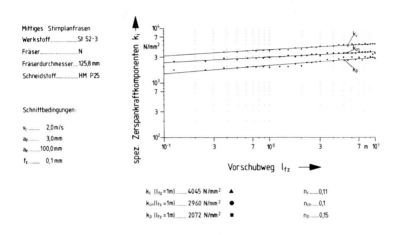

Bild 34: Verschleißbedingte Änderung der spezifischen
Zerspankraftkomponenten

Die spezifischen Zerspankraftkomponenten lassen sich demnach bei beliebigen Vorschubwegen (l_{fz} < 10 m) wie folgt
berechnen:

$$k_i \, (\varphi; \, l_{fz}) = k_i \, (\varphi; \, l_{fz} = 1 \text{ m}) \cdot \left(\frac{l_{fz}}{l_{fz} = 1 \text{ m}} \right)^{n_i} \qquad (36)$$

Vergleicht man die Ausgleichsgeraden der spezifischen
Schnittkraft für verschiedene Vorschübe bzw. Spanungsdicken
(Bild 35a), so zeigt sich, daß die verschleißbedingten An-
stiegswerte n_i spanungsdickenabhängig sind.
Zur gleichen Aussage kommt man, wenn die Anstiegswerte über
dem Eingriffswinkel φ aufgetragen werden (Bild 35b).

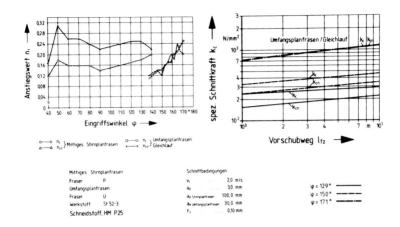

Bild 35: Verschleißbedingte Anstiegswerte in Abhängigkeit von Eingriffswinkel und Fräsverfahren

Es zeigt sich weiterhin, daß die Anstiegswerte für das mittige Stirnplanfräsen, von Unregelmäßigkeiten beim Ein- und Austritt abgesehen, eine gewisse Symmetrie zu $\varphi = 90°$ aufweisen und nicht ohne weiteres auf unterschiedliche Fräsverfahren übertragen werden dürfen. Die Anstiegswerte n_i des Umfangsplanfräsens müssen für gleiche Eingriffswinkel φ im Vergleich zu denen des Stirnplanfräsens geringere Werte annehmen, da letztere ja den verschleißbedingten Zerspankraftzuwachs an der Nebenschneide mit berücksichtigen müssen. Die von Kamm [71] vorgeschlagene Erweiterung der Kienzle-Formel (5) ist somit nicht allgemeingültig, sondern kann nur für die Spanungsdicken bzw. Eingriffswinkel angewandt werden, für die die verschleißbedingten Anstiegswerte bekannt sind.

Dieser Einfluß der Spanungsdicke auf die Anstiegswerte soll zunächst schematisch analysiert werden (Bild 36):

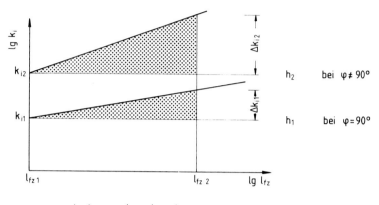

$v_c = const;$ $f_z = const \rightarrow h_1 > h_2$

Bild 36: Schematische Darstellung zum Einfluß des Eingriffswinkels φ auf die verschleißbedingten
Anstiegswerte n_i

Die verschleißbedingte Zerspankraftkomponente setzt sich
aus einer zerspanungsmechanisch bedingten Grundkraft (k_{i1};
k_{i2}) sowie einer verschleißbedingten additiven Komponente
zusammen, die in doppeltlogarithmischer Darstellung durch
den Anstiegswert n_i beschrieben werden kann.
Es wird vorausgesetzt, daß der verschleißbedingte Anstieg
Δk_{i1} der spezifischen Zerspankraftkomponente beim Eingriffswinkel $\varphi = 90^0$ und $f_z = const.$ bekannt sei. Anhand dieses
Anstiegs Δk_{i1} läßt sich die Änderung ΔF_{i1} der absoluten
Zerspankraftkomponente F_{i1} im betrachteten Vorschubweg-
intervall Δl_{fz} errechnen.

$$\Delta F_{i1} = b \cdot h_1 \cdot \Delta k_{i1} \qquad (37)$$

Wenn angenommen werden kann, daß bei den betrachteten Versuchsbedingungen kein Kolk auftritt, so ist die Zerspankraftänderung ΔF_i nur durch die Wirkung des Freiflächenverschleißes an Haupt- und, wenn vorhanden, Nebenschneide zu
erklären.

Diese freiflächenverschleißbedingte Zerspankraftänderung ist
für f_z = const. unabhängig von der Spanungsdicke. Diese Tatsache bedingt beim Übergang in die spezifische Darstellung
des Bildes 36 und beim Übergang von der größeren zur kleineren Spanungsdicke durch die Division mit einem entsprechend kleineren Spanungsquerschnitt einen auch in der loga-
rithmischen Darstellung höheren verschleißbedingten Anstiegswert.
Dies bedeutet, daß der Anstiegswert n_i in Abhängigkeit von φ
nicht konstant sein kann.

Bei Berücksichtigung des Verschleißeinflusses auf den Anstiegswert n_i müssen 2 Fälle unterschieden werden:

1. Einfluß des Eingriffswinkels φ

Es wird vorausgesetzt, daß eine bestimmte Verschleißänderung eine entsprechende Zerspankraftänderung zur Folge
hat.

$$\Delta F_i = f(\Delta VB) \qquad (38)$$

Für VB = const. und $\varphi_1 > \varphi_2$ gilt demnach:

$$\Delta F_{i1} = \Delta F_{i2} \qquad (39)$$

und

$$b \cdot h_1 \cdot \Delta k_{i1} = b \cdot h_2 \cdot \Delta k_{i2} \qquad (40)$$

Für f_z = const. und nach entsprechender Umformung ergibt
sich:

$$\frac{\Delta k_{i2}}{\Delta k_{i1}} = \frac{\sin \varphi_1}{\sin \varphi_2} \qquad (41)$$

Die spezifischen Zerspankraftkomponenten k_i lassen sich
somit bei beliebigem Eingriffswinkel φ und Vorschubweg
l_{fz} wie folgt berechnen:

$$k_{i\varphi;\, l_{fz}} = k_{i\varphi;\, l_{fz}=1m} + \Delta k_{i\varphi_0;\, l_{fz}} \cdot \frac{\sin \varphi_0}{\sin \varphi} \qquad (42)$$

mit

$$\Delta k_{i\varphi_0;\, l_{fz}} = k_{i\varphi_0;\, l_{fz}=1m} \cdot \left[\left(\frac{l_{fz}}{l_{fz}=1m} \right)^{n_{i\varphi_0}} - 1 \right] \qquad (43)$$

Die spezifischen Zerspankraftkomponenten $k_{i\varphi_0;\, l_{fz}=1m}$ und
$k_{i\varphi;\, l_{fz}=1m}$ lassen sich entsprechend der
Kienzle-Formel

$$k_i = h^{-m_i} \cdot k_{i1.1.1} \qquad (44)$$

berechnen, oder aber - wie der Anstiegswert $n_{i\varphi_0}$ - aus
Tabellen [110, 111] entnehmen.
Als Bezugspunkt φ_0 kann dabei ein beliebiger Eingriffs-
winkel gewählt werden, für den die spezifische Zerspan-
kraftkomponente bei $l_{fz} = 1$ m und der verschleißbedingte
Anstiegswert bekannt sind.

Eine Übertragbarkeit der Anstiegswerte vom Stirnplan-
auf das Umfangsplanfräsen ist dabei nicht zulässig, da
beim Stirnplanfräsen durch den Nebenschneidenverschleiß
im Vergleich zum Umfangsplanfräsen höhere Anstiegswerte
auftreten. Für beide Fräsverfahren muß der Rechengang
demnach getrennt durchgeführt werden.

Diese Art der Berechnung der Zerspankraftkomponenten unter Verschleißeinfluß muß beispielsweise dann angewendet
werden, wenn die am vollbestückten Fräser aufzubringende
Antriebsleistung errechnet werden soll.

2. Einfluß des Vorschubes f_z

Wünschenswert wäre es nun, ausgehend von einem bestimmten
Vorschub f_{z0} und durch Kombination mit Punkt 1, für ein
bestimmtes Fräsverfahren den verschleißbedingten Zerspankraftzuwachs für sämtliche Vorschübe und Eingriffswinkel
berechnen zu können.
Eine Vorgehensweise wie unter Punkt 1 ist hier nicht möglich, da sich bei unterschiedlichen Vorschüben, aber konstantem Vorschubweg, unterschiedliche Verschleißmarkenbreiten ergeben (Kap. 4.2.1.3). Der Zerspankraftzuwachs
bei Variation von f_z kann demnach nur direkt als Funktion
von VB ausgedrückt werden.
Werden nun die Zerspankraftkomponenten über VB aufgetragen, so zeigt sich, daß beim Fräsen im Gegensatz zum Drehen [18, 157] keine lineare Abhängigkeit zwischen Zerspankraft und Verschleiß besteht (Bild 37).

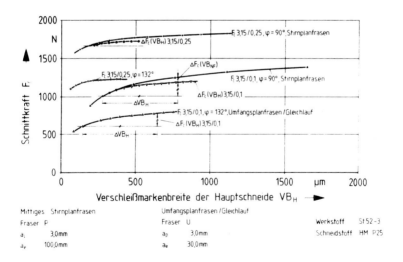

Mittiges Stirnplanfrasen	Umfangsplanfrasen / Gleichlauf		
Fraser P	Fraser U		Werkstoff St 52-3
a_l 3,0mm	a_p 3,0mm		Schneidstoff HM P25
a_e 100,0mm	a_e 30,0mm		

Bild 37: Verschleißbedingte Schnittkraftänderung bei
unterschiedlichen Fräsverfahren

Die Zerspankraftkomponenten steigen mit wachsendem Ver-
schleiß zunächst degressiv an, um dann bei größeren
VB-Werten in einen linearen Teil überzugehen.
Grundsätzlich kann zwar eine Abhängigkeit wie bei
Langhammer und Kamm [18, 71] formuliert werden:

$$F_i(f_z, VB) = F_{i;l_{f_z}=1m}(f_z) + \frac{\partial F_i}{\partial VB_H} \cdot VB_H + \frac{\partial F_i}{\partial VB_{NF}} \cdot VB_{NF}$$

(45)

Allerdings sind bei beiden untersuchten Fräsverfahren
beide Steigungswerte bei praxisüblichen Verschleißmarkenbreiten eine Funktion von VB:

$$\frac{\partial F_i}{\partial VB_H} = f(VB_H)$$

(46)

$$\frac{\partial F_i}{\partial VB_{NF}} = f(VB_{NF})$$

(47)

Der verschleißbedingte Anstieg der Zerspankraftkomponenten
setzt sich aus Anteilen von VB_H und VB_{NF} zusammen. Wird
dieser Anstieg beim Umfangsplanfräsen mit dem entsprechenden beim Stirnplanfräsen (ΔVB_H = const.) verglichen, so
zeigt sich, daß ca. 2/3 der Zerspankraftänderung auf die
Wirkung des Freiflächenverschleißes der Hauptschneide und
1/3 auf die Wirkung des Freiflächenverschleißes der Nebenschneide zurückzuführen sind (Bild 37).

3.1.3 Berechnung der Zerspankraftkomponenten an voll-
      bestückten Fräsern

Die heute noch in der Praxis übliche Berechnungsmethode der
Zerspankraftkomponenten [10] und der am Fräser aufzubringen-
den Schnittleistung mit Hilfe der schon von Schlesinger [112]
definierten Mittenspanungsdicke h_m bringt insbesondere für
die rechnerische Auslegung von Werkzeugmaschinen, Werkzeugen
und Vorrichtungen zu ungenaue und vor allem zu niedrige
Kraft- und Leistungswerte:

$$h_m = \frac{1}{\overset{\frown}{\varphi}_s} \cdot f_z \cdot \sin\varkappa\,(\cos\varphi_1 - \cos\varphi_2) \tag{48}$$

$$F_{cm} = z_{iE} \cdot b \cdot h_m \cdot k_c \tag{49}$$

$$P_{cm} = v_c \cdot F_{cm} \tag{50}$$

Vergleiche mit Zerspankraftmessungen an vollbestückten Fräsern sowie Vergleiche mit den Ergebnissen der nachfolgend
beschriebenen exakten Berechnung zeigten, daß die Zerspankraftkomponenten, die über die Mittenspanungsdicke berechnet wurden, um durchschnittlich 20 % unter den tatsächlich
auftretenden Zerspankraftmaxima lagen.
Ein weiterer Vorteil des exakten Berechnungsverfahrens liegt
darin, daß die Zerspankraftkomponenten in Abhängigkeit des
Eingriffswinkels φ berechnet werden, und damit die insbesondere bei der Auslegung der Werkzeugmaschine wichtigen dynamischen Anteile der Zerspankraftkomponenten genau berechnet
werden können.

Die Zerspankraftkomponenten können auf verschiedene Arten
berechnet werden. Welche Berechnungsart jeweils die günstig-
ste ist, hängt zum einen davon ab, in welcher Form die spezifischen Zerspankraftkomponenten vorliegen und zum anderen,
mit welchen Hilfsmitteln die Berechnungen durchgeführt werden,

z.B. mit nicht programmierbaren Taschenrechnern, programmierbaren Taschenrechnern oder DV-Anlagen.
Falls die Zerspankraftkomponenten für arbeitsscharfe Werkzeuge errechnet werden sollen, können folgende Formeln zur
Anwendung kommen:

$$F_{i\ ges} = \sum_{j=1}^{n} F_i(\varphi_j) = b \cdot \sum_{j=1}^{n} [h(\varphi_j) \cdot k_i(h(\varphi_j))] \qquad (51)$$

oder

$$F_{i\ ges} = \sum_{j=1}^{n} F_i(\varphi_j) = b \cdot k_{i1.1.1} \cdot \sum_{j=1}^{n} h(\varphi_j)^{1-m_i} \qquad (52)$$

wobei gilt:

$$i = c,\ cn,\ p \qquad\qquad n = \text{Anzahl der Zähne im Eingriff}$$

$$F_f = b \cdot \sum_{j=1}^{n} \left[h(\varphi_j)^{1-m_c} \cdot k_{c1.1.1} \cdot \cos\varphi_j \right.$$
$$\left. + h(\varphi_j)^{1-m_{cn}} \cdot k_{cn1.1.1} \cdot \cos\varphi_j \right] \qquad (53)$$

oder

$$F_{fn} = b \cdot \sum_{j=1}^{n} \left[h(\varphi_j)^{1-m_c} \cdot k_{c1.1.1} \cdot \sin\varphi_j \right.$$
$$\left. - h(\varphi_j)^{1-m_{cn}} \cdot k_{cn1.1.1} \cdot \cos\varphi_j \right] \qquad (54)$$

Formel 51 bietet sich an, wenn die spezifischen Zerspankraftkomponenten in Diagrammform vorliegen und die Berechnung mit
nicht programmierbaren Taschenrechnern durchgeführt werden soll.
Kann die Berechnung dagegen mit programmierbaren Taschenrechnern oder DV-Anlagen vorgenommen werden, dann ist die
Anwendung von Formel 52 vorteilhaft, da zur Berechnung der

Zerspankraftkomponentensumme nur die Konstanten der Kienzle-Victor-Formel benötigt werden. Diese Werte können einer Tabelle entnommen werden [110, 111], so daß ein zeitaufwendiges Ablesen aus Diagrammen und eventuelles Interpolieren entfällt.

Sollen jedoch die Zerspankraftkomponenten eines vollbestückten Fräsers bei einem bestimmten Verschleißzustand berechnet werden, so ist Formel 51 in Verbindung mit 42 anzuwenden.

$$F_{i\ ges}(l_{fz}) = b \cdot \sum_{j=1}^{n} \left[h(\varphi_j) \cdot (k_{i;\varphi_j;l_{fz}=1m} \right.$$

$$\left. + \Delta k_{i;\varphi_0;l_{fz}} \cdot \frac{\sin\varphi_0}{\sin\varphi_j} \right] \quad (55)$$

$\Delta k_{i;\varphi_0;l_{fz}}$ läßt sich anhand von Gleichung 43 berechnen.

Der Rechengang ist nun folgender:

- Bestimmung der jeweiligen Eingriffswinkel φ_j

- Berechnung der zugehörigen Spanungsdicken $h(\varphi_j)$

- Berechnung der Zerspankraftkomponenten $F_i(\varphi_j)$, die an den jeweiligen Schneidplatten angreifen

- Summation der Zerspankraftkomponenten $F_i(\varphi_j)$

- Simmulation einer Fräserdrehung um $\Delta\varphi$

Danach wird der Rechengang mit

$$\varphi_{j;\ n+1} = \varphi_{j;n} + \Delta\varphi \quad (56)$$

von neuem durchlaufen.

Dies wird so lange fortgeführt, bis bei gleichgeteilten Fräsern

$$\varphi_{j;\ n+1} \geq \frac{360^{0}}{z}$$

bzw. bei Ungleichteilung

$$\varphi_{j;\ n+1} \geq 360^{0}$$

gilt.

Soll mit dieser Berechnungsmethode das Biegemoment auf die
Frässpindel errechnet werden, so ist neben der Richtung des
jeweiligen Zerspankraftvektors auch dessen momentaner Hebel-
arm zu berücksichtigen.
In Bild 38 sind die an einem vollbestückten, ungleichgeteil-
ten 6-Zahn-Fräser gemessenen und berechneten Vorschub-,
Vorschubnormal- und Passivkräfte gegenübergestellt. Deutlich
sichtbar ist, daß Zahn 2 einen negativen Radialschlag besitzt, so daß die Spanungsdicke und damit die Belastung dieses Zahns im Vergleich zu den anderen deutlich geringer ist.
Die nachfolgende Wendeschneidplatte (Zahn 3) muß die von
Zahn 2 nicht abgenommene Spanungsdicke zusätzlich zu der
rechnerischen Spanungsdicke mit abspanen, was zu einer deutlich höheren Belastung dieser Platte und gegebenenfalls zu
einer Überbelastung führen kann.
Bild 38 zeigt, daß derartige Unregelmäßigkeiten im Zerspan-
kraftverlauf gut rechnerisch simuliert werden können, wenn
Plan- und Radialschlag des Fräsers bekannt sind.

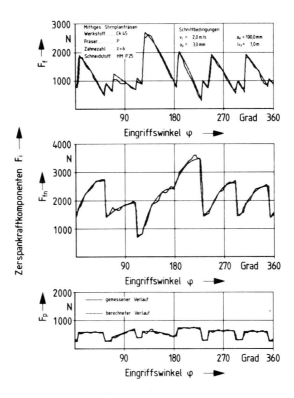

<u>Bild 38:</u> Gegenüberstellung der gemessenen und berechneten Zerspankraftkomponenten am vollbestückten Fräser

3.2 Mechanische und thermische Beanspruchung des Schneidteils

In Kapitel 3.1 dieser Arbeit wurden sämtliche Einflußgrößen auf die Zerspankraftkomponenten und damit auf die äußere Belastung des Schneidteils beim Fräsen analysiert und - sofern dies notwendig und möglich war - wurde dieser Einfluß in funktionaler Form beschrieben.
Zur Beurteilung der Schneidteilbeanspruchung und des daraus resultierenden spezifischen Verschleißes sind die bisher besprochenen äußeren Belastungen allerdings nur indirekt geeignet.
Um die beim Fräsen auftretenden spezifischen Verschleißmechanismen besser beurteilen und analysieren zu können, soll nun, aufbauend auf den äußeren Belastungen, die mechanische und thermische "innere Belastung" - die Schneidteilbeanspruchung - berechnet werden.

3.2.1 Mechanische Beanspruchung des Schneidteils durch äußere Kräfte

3.2.1.1 Berechnungsmethode

Bei der Untersuchung des Deformations- und Spannungszustandes von Bauteilen, die durch äußere Lasten beansprucht werden, wird auf die Theorien der Elastizitäts- und Plastizitätsmechanik, sowie auf die Erkenntnisse der Werkstoffkunde und Werkstoffprüfung zurückgegriffen.
Zur mathematischen Formulierung werden 3 Arten von Gleichungen miteinander verknüpft:

  a) Beziehungen zwischen Dehnungen und Deformation

  b) Beziehungen zwischen Spannungen und Dehnungen

  c) Gleichgewichtsbeziehung zwischen der "äußeren Belastung" und der "inneren Belastung" (Spannungen)

Anhand dieser Beziehungen lassen sich Differentialgleichungen aufstellen, die den Spannungs- und Deformationszustand des betrachteten Kontinuums beschreiben.

Die Lösungsverfahren lassen sich danach einteilen, ob die aufgestellten Gleichungen exakt oder nur näherungsweise erfüllt werden (Bild 39).

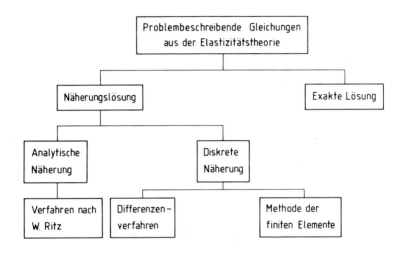

Bild 39: Lösungsmöglichkeiten der Gleichungen der Elastizitätstheorie

Bei der exakten Lösung kann durch Integration der ermittelten Differentialgleichung unter Berücksichtigung der Randbedingungen das Ergebnis mathematisch exakt ermittelt werden. Der Spannungs- und Deformationszustand ist somit in jedem Punkt des betrachteten Körpers bekannt. Die Möglichkeiten, exakte Lösungen überhaupt zu erhalten, sind jedoch auf geometrisch einfache Berandungsformen ebener und räumlicher Probleme beschränkt (z.B. Stäbe, Balken, Scheiben, Platten, Schalen).

Bei den Näherungslösungen ist zu unterscheiden, ob die Näherung kontinuierlich, d.h. wie bei der exakten Lösung für jeden beliebigen Punkt des Körpers gilt, oder ob nur an diskreten Punkten eine Lösung ermittelt wird. Im ersten Fall spricht man von einem analytischen Verfahren, wie es z.B. das Ritz'sche Verfahren der Minimierung des elastischen Potentials darstellt. Aus der Gruppe der diskreten Lösungsmethoden sind das Differenzenverfahren und die Methode der Finiten Elemente die bekanntesten.

Beim Differenzenverfahren werden die Differentialquotienten der Gleichungen und Randbedingungen eines Problems durch Differenzenquotienten angenähert. Werden diese Differenzenquotienten für diskrete Punkte der Struktur bestimmt, entsteht ein lösbares System linearer Gleichungen.
Bei der Methode der Finiten Elemente (MFE) erfolgt eine Diskretisierung des Kontinuums in der Weise, daß die Gesamtstruktur aus einer endlichen Anzahl einfacher Grundkörper zusammengesetzt wird (Bild 40).

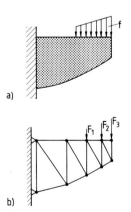

Bild 40: Idealisierung eines Körpers durch Finite Elemente
a) fest eingespannter Kragbalken
b) idealisiertes Gebilde (Finite Elemente Modell)

Die Spannungs- und Deformationszustände der einzelnen Elemente lassen sich durch Ansätze der linearen Elastizitätstheorie beschreiben.

Durch Verknüpfung bzw. Überlagerung der Zustandsgrößen der Einzelelemente wird das Verformungs- und Spannungsverhalten der Gesamtstruktur approximiert. Die Methode der Finiten Elemente stellt somit eine Mischung aus einem analytischen (für die Einzelelemente) und einem diskreten Näherungsverfahren (für die Gesamtstruktur) dar.

Bei jedem der in Bild 39 dargestellten Lösungsverfahren müssen die

- Gleichgewichtsbedingungen
  (Verträglichkeit von Kräften und Spannungen)

und die

- Kompatibilitätsbedingungen
  (Verträglichkeit der Verschiebungen und Verzerrungen)

erfüllt sein.

Nach der Aufteilung des Kontinuums in Finite Elemente, versucht man, für das idealisierte Gebilde durch geeignete Ansätze entweder die kinematische oder die statische Verträglichkeit exakt zu erfüllen.

Auf diese Weise erhält man zwei verschiedene Typen von Finite-Element-Methoden:

- Verschiebungs- oder kinematische Methode

- Kraft- oder Gleichgewichtsmethode

Eine Kombination beider Methoden ist als sogenannte Hybridmethode bekannt, auf die aber hier nicht näher eingegangen werden soll.

- 110 -

Generelle Kriterien, welche der beiden Methoden die effekti-
vere ist, lassen sich nicht angeben, dies hängt vom betrachteten Problem ab. Als kennzeichnend für die Verschiebungsmethode ist jedoch zu erwähnen, daß kein Unterschied zwischen der Behandlung statisch bestimmter und statisch unbe-
stimmter Probleme besteht. Im Gegensatz hierzu steigt für
hochgradig statisch unbestimmte Systeme die Anzahl der zu
lösenden Gleichungen bei Verwendung der Kraftmethode gegenüber der Verschiebungsmethode stark an, wie Hahn [114] an
Beispielen zeigt.

Bei den derzeit verfügbaren MFE-Programmsystemen hat sich
überwiegend die Verschiebungsmethode durchgesetzt, auf der
auch das hier verwendete Programmsystem SAP IV basiert.

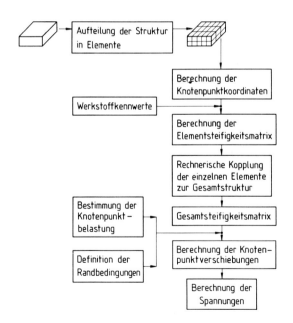

Bild 41: Ablauf der Spannungsberechnung mittels MFE

Der Rechengang läßt sich in folgende Einzelschritte glie-
dern (Bild 41):

1. Approximation der realen Struktur durch einzelne Elemente, die in realen oder imaginären Knotenpunkten
   untereinander verbunden sind.

2. Durch Hinzunahme der Werkstoffkennwerte zur geometrischen Beschreibung der Einzelelemente kann für jedes
   Element das Elastizitätsverhalten ermittelt und durch
   die Steifigkeitsmatrix beschrieben werden. Diese
   Matrix stellt eine Federkonstante dar, die die in den
   Knotenpunkten angreifenden Kräfte mit den auftretenden Deformationen verbindet.

3. Nach Ermittlung der Elementsteifigkeitsmatrizen der
   Einzelelemente und nach der Transformation vom lokalen
   Elementkoordinatensystem in ein globales System wer-
   den die Elementsteifigkeitsmatrizen zur Gesamtsteifig-
   keitsmatrix gekoppelt. Das Elastizitätsverhalten der
   Gesamtstruktur kann somit beschrieben werden.

4. Unter Berücksichtigung der Randbedingungen und der
   äußeren Lasten läßt sich ein Gleichungssystem aufstellen, das das Verformungsverhalten des Bauteils
   beschreibt.

5. Die Auflösung dieses Gleichungssystems liefert für
   sämtliche Knotenpunkte der Struktur die sich unter der
   Belastung einstellenden Deformationen.

6. Im letzten Rechenschritt werden aus den Deformationen
   die im Bauteil auftretenden Spannungen ermittelt.

3.2.1.2 Randbedingungen

Durch die Einführung geeigneter Randbedingungen muß das Rechenmodell an die konkrete Problemstellung angepaßt werden.
In den vorangegangenen Kapiteln dieser Arbeit wurde der
Zerspankraftvektor nach Betrag und Richtung bei Variation
der Einflußgrößen bestimmt. Die äußere Belastung des Schneidteils ist jedoch keine Einzellast, sondern eine an Span- und
Freifläche aller im Eingriff befindlichen Schneiden angreifende Flächenlast, deren Resultierende, der Zerspankraftvektor, komponentenweise gemessen wird.
Da mit den eingesetzten Meßmethoden der Verlauf dieser Flächenlast nicht direkt bestimmt werden konnte und sollte,
wurde in Anlehnung an die Untersuchungen von Primus [22]
ein parabolisches Profil der Flächenlast auf der Spanfläche
angenommen. Die Freiflächenkräfte sowie die Kräfte an der
Nebenschneide wurden bei der Spannungsberechnung unterdrückt,
da sie im Vergleich zu den Spanflächenkräften betragsmäßig
klein sind und zudem ihre Verteilung nicht bekannt ist.

Die Schneidplatte wurde außerdem durch gleichverteilte Flächenlasten beansprucht, die aus den Klemmkräften resultie-
ren und aus dem Anzugsmoment der Spannschraube errechnet
werden können.

Weiterhin wurde bei der Berechnung davon ausgegangen, daß
der Fräsergrundkörper, die Beilage, die Kassette sowie der
Spannkeil (Bild 42) als absolut starr anzusehen sind. Diese
Annahme stimmt mit der Realität zwar nicht ganz überein, ist
für die vorliegenden Berechnungen jedoch zulässig, da die
Verformungen und Spannungen im Schneidteil davon nicht beeinflußt werden.
Die Anlagepunkte in der Kassette sind in x- bzw. y-Richtung
fixiert.

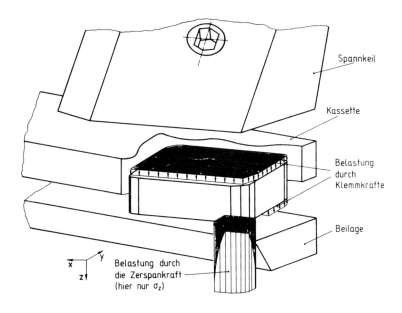

Bild 42: Schematische Darstellung der äußeren Wende-
schneidplattenbelastung

Da die aus der Gesamtbelastung resultierende Verformung der
Platte im Bereich der Beilage nicht eindeutig vorhersehbar
ist, wurde ein erster Rechenlauf mit folgenden Randbedingungen gestartet:

- Fixierung in x- und y-Richtung innerhalb der Kassette
  wie oben.

- Fixierung in z-Richtung nur entlang der Begrenzungs-
  linie der Beilage.

Mit diesen Randbedingungen ergab sich, daß die Knotenpunkte
im Bereich der Auflagefläche der Beilage in + z-Richtung

verschoben wurden, d.h., gegen die Beilage gedrückt wurden.
Unter der Voraussetzung, daß die Beilage als starr angesehen wird, konnte somit die Bedingung eingeführt werden, daß
alle Knoten, die im Bereich der Auflage liegen, in z-Richtung fixiert sind.

3.2.1.3 Aufbau des Rechenmodells (MFE-Netz)

Da für das benutzte Programmsystem keine Präprozessoren zur
rechnerunterstützten 3-dimensionalen Netzgenerierung zur
Verfügung standen, mußte die Netzgenerierung manuell durch-
geführt werden. Baustein dieser Netzgenerierung war ein
Hexaederelement mit 8 Knoten [115; Typ 5].
Ziel einer zweckmäßigen Netzgenerierung muß sein,

- eine hohe Aussagefähigkeit in hochbeanspruchten Bereichen des Bauteils zu gewährleisten. Dies bedingt jedoch eine große Anzahl kleiner Einzelelemente.

- eine möglichst geringe Rechenzeit zu erreichen. Diese
  Forderung läßt sich nur mit einer kleinen Anzahl gros-
  ser Elemente erreichen.

Es müssen demnach zwei konträre Forderungen in Einklang gebracht werden. Dies kann beispielsweise durch Verwendung
unterschiedlicher Elementgrößen geschehen.
Weiterhin ist die Numerierung der Knoten so durchzuführen,
daß die Knotenpunktnummern innerhalb eines bestimmten Ele-
ments möglichst nahe beieinander liegen. Dies ist notwendig,
um die Bandbreite der Gesamtsteifigkeitsmatrix möglichst
klein zu halten, da auf diese Weise die benötigte Rechenzeit
am wirkungsvollsten beeinflußt werden kann.

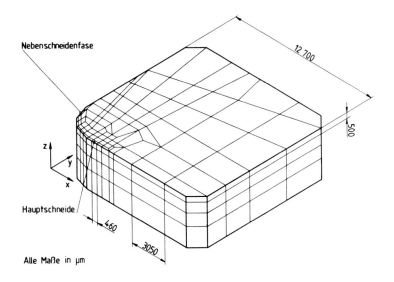

Bild 43: MFE-Netz am Beispiel der Negativplatte

Bild 43 zeigt den Aufbau des Finiten Elemente Netzes am Beispiel der Negativplatte (SNAN). Die für die Verschleißbean-
spruchung wichtigen Gebiete der Platten sind mit einem eng-
maschigeren Netz überzogen, als die weniger belasteten Bereiche in der Gegend der Einspannung. Außerdem wurden die
nicht von der Zerspankraft belasteten Schneidenecken durch
eine 45°-Fase angenähert. Diese Maßnahme verringert die
Elementzahl weiter, ohne die Aussagefähigkeit des Ergebnis-
ses der Rechnung zu schmälern.

Das in Bild 43 dargestellte Netz der Negativplatte besteht
aus 360 Elementen mit 540 Knotenpunkten.

3.2.1.4 <u>Ergebnisse der MFE-Berechnungen</u>

Die äußere Belastung durch die Zerspankraftkomponenten, die
der Berechnung der Verformungen und Spannungen zugrundegelegt wurde, entspricht folgenden Versuchsbedingungen:

Mittiges Stirnplanfräsen
Werkstoff: 55 NiCrMoV 6 V
Schneidstoff: HM P25

Schnittbedingungen
v_c = 1,25 m/s
a_p = 3,0 mm
a_e = 100,0 mm
l_{fz} = 1 m
f_z = 0,63 mm

Es wurde der MFE-Rechnung bewußt ein für diesen Werkstoff
stark überhöhter Vorschub zugrundegelegt. Versuche mit diesem Vorschub haben gezeigt, daß das Werkzeug nach wenigen
Schnitten aufgrund mechanischer Überlastung durch Gewaltbruch erliegt.
Die Spannungen im Bereich des Schneidteils müssen demnach
nahe der Zugfestigkeit dieser Hartmetallsorte liegen.
Diese Tatsache kann u.a. zur Kontrolle des Berechnungsverfahrens herangezogen werden.
Die durch den Versuch bestimmten Zerspankraftkomponenten
wurden durch Koordinatentransformation in eine Komponente in
Richtung Hauptschneide F_x, eine Komponente in Richtung der
Nebenschneide F_y und eine Komponente normal zur Spanfläche
F_z zerlegt.

Da sich im Inneren der Wendeschneidplatte unter der äußeren
Belastung ein 3-achsiger Spannungszustand ausbilden wird,
muß eine Vergleichsspannung definiert werden, die in bezug
auf das Festigkeitsverhalten des Hartmetalls der Hauptspannung bei einachsiger Beanspruchung und damit den Kennwerten

des Zugversuchs gleichwertig ist.
Zur Ermittlung der Vergleichsspannung eines derart spröden
Werkstoffs, wie ihn das Hartmetall darstellt, bietet sich
die Normalspannungshypothese an [116]:

$$\sigma_v = |\sigma|_{max} = \sigma_1 \text{ bzw. } \sigma_3 \qquad (57)$$

Danach ist für die Beanspruchung des Werkstoffs die betragsmäßig größte auftretende Hauptspannung maßgebend.
Die Darstellung der Beanspruchung der Hartmetall-Wende-
schneidplatte beschränkt sich deshalb im Rahmen dieser Arbeit auf die Beschreibung und Interpretation des Verlaufs
der maximalen oder minimalen Hauptspannung.
Für quantitative Aussagen bei Variation bestimmter Parameter wird der Spannungsverlauf und die Deformation in definierten Schnittebenen dargestellt. Die Lage dieser Schnittebenen ist aus Bild 44 und 45 für die Negativ- und Positivplatte ersichtlich.

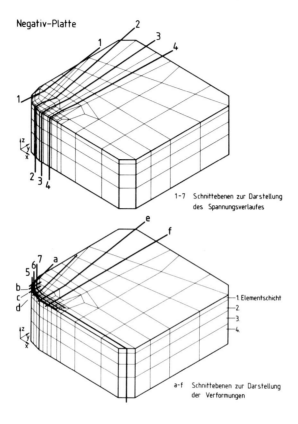

Negativ-Platte

1-7 Schnittebenen zur Darstellung
      des Spannungsverlaufes

1 Elementschicht
2
3
4.

a-f Schnittebenen zur Darstellung
      der Verformungen

<u>Bild 44</u>: Schnittebenen zur Darstellung der Verformungen
und des Spannungsverlaufs der Negativplatte

- 119 -

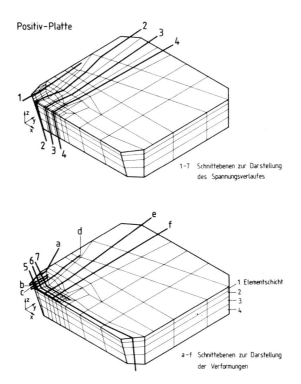

Positiv-Platte

1-7 Schnittebenen zur Darstellung
des Spannungsverlaufes

1 Elementschicht
2
3
4

a-f Schnittebenen zur Darstellung
der Verformungen

Bild 45: Schnittebenen zur Darstellung der Verformungen
und des Spannungsverlaufs der Positivplatte

3.2.1.4.1 Verformungen

Die Verformungen der Wendeschneidplatte in den Schnitten
a - f sind in Bild 46 und 47 dargestellt. Sie setzen sich
aus Anteilen infolge der Bearbeitungskräfte im Bereich der
Schneidkante und aus Anteilen, die aus den Klemmkräften re-
sultieren, zusammen.

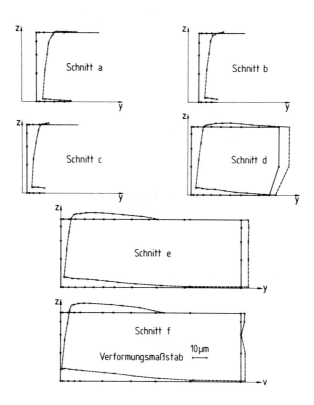

<u>Bild 46:</u> Elastische Deformation der Negativplatte unter
Einwirkung der Zerspan- und Klemmkräfte

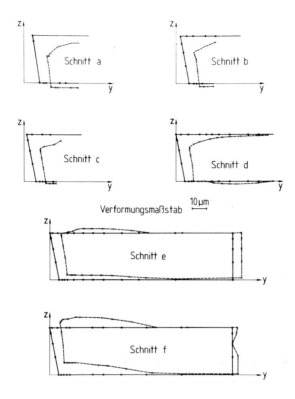

Bild 47: Elastische Deformation der Positivplatte unter
Einwirkung der Zerspan- und Klemmkräfte

Bei der Negativplatte werden die größten Verformungen durch
die Klemmkräfte hervorgerufen. Die Platte biegt sich außerhalb der Beilage in positive z-Richtung durch, während lediglich der Bereich der Schneidkante durch die Zerspankraftkomponenten sichtbar verformt wird.
Die Positivplatte dagegen wird aufgrund ihres geringeren
Widerstandsmoments vor allem im Bereich der Schneidkante
durch die Zerspankraftkomponenten wesentlich stärker verformt.
Beide Platten werden durch die Zerspankraftkomponenten in
y- und x-Richtung in die Kassette hineingedrückt. Deutlich

zu sehen ist auch der Punkt, an dem die Platte an der Kassette aufliegt, und für den in den Randbedingungen eine Verschiebung in y-Richtung = 0 gefordert wurde.

3.2.1.4.2 Spannungsverteilung bei neuwertiger Schneide

Da die größten Dehnungen bei beiden Platten im Bereich der Schnittebene a auftraten, muß dort auch mit den größten Spannungen gerechnet werden. In Bild 48 wurde am Beispiel der Negativplatte die betragsmäßig größte Hauptspannung für die am höchsten belastete 4. Elementschicht über der Plattenoberfläche aufgetragen.

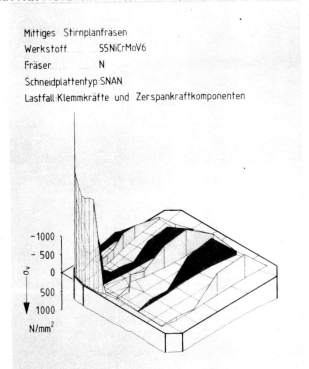

Mittiges Stirnplanfräsen
Werkstoff   55NiCrMoV6
Fräser   N
Schneidplattentyp:SNAN
Lastfall:Klemmkräfte und Zerspankraftkomponenten

Bild 48: Vergleichsspannungsverteilung in der
4. Elementschicht

Während im Bereich der Einspannung relativ geringe Druckspannungen auftreten, zeigen sich im Bereich der Kontaktzone die erwarteten hohen Druckspannungen von durchschnittlich 2500 N/mm^2 mit einer deutlichen Spannungsspitze an der
Schneidenecke zwischen 45°-Fase und Nebenschneidenfase.
Bild 49 zeigt den Schneidteil einer Negativplatte, die bei
ähnlichen Schnittbedingungen eingesetzt wurde, wie sie der
MFE-Berechnung zugrunde liegen.

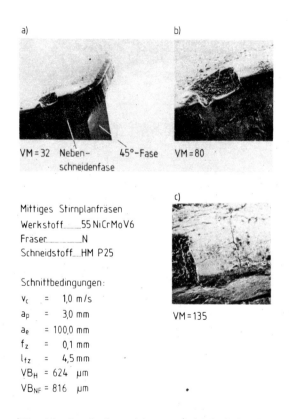

a)

b)

VM=32 Neben-   45°-Fase   VM=80
       schneidenfase

Mittiges Stirnplanfräsen
Werkstoff........55 NiCrMoV6
Fräser...............N
Schneidstoff....HM P25

c)

Schnittbedingungen:
v_c = 1,0 m/s
a_p = 3,0 mm
a_e = 100,0 mm
f_z = 0,1 mm
l_{fz} = 4,5 mm
VB_H = 624 μm
VB_{NF} = 816 μm

VM=135

Bild 49: Plastische Deformation und Ausbrüche im Bereich
          der Schneidenecke aufgrund mechanischer Über-
          lastung

Deutlich zu sehen ist die starke plastische Deformation der
Platte in genau den Bereichen, in denen auch aufgrund der
Rechnung die höchste Beanspruchung zu erwarten ist.
Bild 49c zeigt, daß der stark plastisch verformte Bereich
ein ähnlich zerrüttetes Gefüge aufweist, wie es bei stark
plastisch deformierten Proben im Druckversuch zu sehen ist
[117].

Die Darstellung dieses Spannungsverlaufs in den Schnittebenen 1 und 5, im hochbeanspruchten Bereich der Schneidplatte,
ist noch einmal im Bild 50 gezeigt.

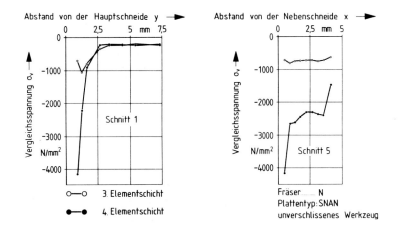

Bild 50: Vergleichsspannungsverlauf senkrecht und parallel
zur Hauptschneide der Negativplatte

Es ergibt sich eine relativ gleichmäßige Spannungsverteilung entlang der belasteten Hauptschneide (in x-Richtung)
und einen starken Abfall der Spannung beim Übergang in Bereiche, die nicht durch die Zerspankraftkomponenten beaufschlagt sind.

Die Beanspruchung der unmittelbar darunterliegenden 3. Elementschicht ist dagegen, auch im Bereich der hochbeanspruch-

- 125 -

ten Schneidenecke, wesentlich geringer. Die Zugspannungen
sind im Kontaktzonenbereich des Schneidteils vernachlässigbar klein.

Die Positivplatte zeigt bei der gleichen äußeren Belastung
einen prinzipiell ähnlichen Druckspannungsverlauf in der
4. Elementschicht (Bild 51).

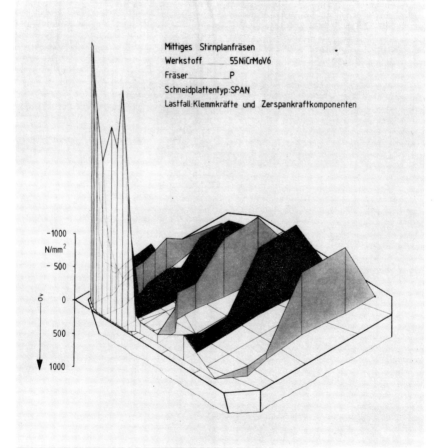

Bild 51: Vergleichsspannungsverteilung in der
4. Elementschicht

Das Druckspannungsmaximum tritt wie bei der Negativplatte
an der Schneidenecke zwischen 45°-Fase und Nebenschneidenfase auf und ist auch betragsmäßig mit dem der Negativplatte vergleichbar.
Allerdings sind die Spannungen im Bereich der Hauptschneide aufgrund des geringeren Widerstandsmoments des Schneidteils bei der Positivplatte deutlich höher als bei der Negativplatte.

3.2.1.4.3 Spannungsverteilung bei verschlissener Schneide

Um die Auswirkungen von Veränderungen an der Schneidteilgeometrie - wie sie beim Verschleißwachstum zwangsläufig
auftreten - auf den Spannungsverlauf in diesem Bereich zu
untersuchen, wurde das Netz entsprechend abgeändert.
Folgender Verschleißzustand wurde den Berechnungen zugrunde gelegt:

Negativ-Platte:

$$VB_H = 1500 \; \mu m$$
$$KB = 1800 \; \mu m$$
$$KT = 250, 300, 400 \; \mu m$$

Positiv-Platte:

$$VB_H = 1000 \; \mu m$$
$$KB = 2000 \; \mu m$$
$$KT = 200 \; \mu m$$

Die Form und Lage der Kolkmulde relativ zum Koordinatenur-
sprung wurde vermessen und im Rahmen der Möglichkeiten der
Netzaufteilung simuliert.
Um die Auswirkungen geometrischer Veränderungen am Schneidteil auf dessen Beanspruchung nicht durch die sich zwangsläufig einstellenden Änderungen der äußeren Belastung zu

verfälschen, wurde bei neuwertiger und verschlissener Platte die gleiche äußere Belastung zugrunde gelegt.
Wenn an der Schneidplatte nur Freiflächenverschleiß auftritt,
was bei der Stahl- und Gußbearbeitung bei kleinen Schnittgeschwindigkeiten und Vorschüben ($1,25$ m/s $\leq v_c < 2,0$ m/s;
$0,1$ mm $< f_z < 0,25$ mm) praktisch immer der Fall ist, wirkt
diese Verschleißart stabilisierend auf den Schneidkeil, da
sich α verkleinert und β erhöht.
In Bild 52 ist der Verlauf der betragsmäßig größten Hauptspannung bei verschiedenen Verschleißzuständen und bei un-
verschlissener Schneide am Beispiel der Schnittebene 2 der
Negativplatte dargestellt.

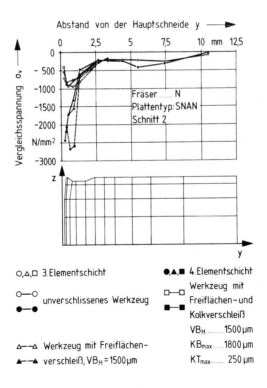

Bild 52: Druckspannungsverlauf der Negativplatte in schleifscharfem und verschlissenen Zustand

Der Freiflächenverschleiß reduziert die Druckspannungen in
der ersten Elementreihe entlang der Hauptschneide um ca.
200 - 300 N/mm². Ab der zweiten Elementreihe ist der Spannungsverlauf mit dem der unverschlissenen Platte identisch.
Das bedeutet: Der Freiflächenverschleiß bewirkt nur direkt
an der hochbelasteten Schneidkante eine Reduzierung der Beanspruchung. Der restliche Schneidkeil ist der gleichen Beanspruchung unterworfen wie im unverschlissenen Zustand.

Wird nun zusätzlich zum Freiflächenverschleiß auch der Kolk
in der Berechnung berücksichtigt, so zeigt sich (Bild 52),
daß die Kolklippe eine weitere Belastungsreduzierung er-
fährt, während im Übergangsbereich von der Kolklippe zum
Kolkgrund Druckspannungen auftreten, die sogar höher sind
als die an der Schneidkante der unverschlissenen Platte.
Der Kolk bewirkt demnach eine Erhöhung und gleichzeitig
eine Verschiebung der Druckspannungsmaxima auf der Spanfläche.
Wird die Kolktiefe bei gleichbleibender Kolkbreite weiter
erhöht, so wächst die Belastung der Platte im Kolk sehr
stark (Bild 53). Der Bruch des Schneidkeils bei mechanischer Überlastung wird unter diesen Voraussetzungen, ausgehend vom Kolkgrund, die gesamte Kolklippe zerstören.
Die Ergebnisse der Verschleißuntersuchungen bestätigen diese Theorie. Bild 54 zeigt den Bruch einer Negativplatte
der, ausgehend vom Kolkgrund, im Bereich maximaler Kolktiefe
die gesamte Kolklippe zerstörte. Die Abmessungen der Auskolkung waren im Bereich des Ausbruchs mit KB = 2000 µm und
KT = 375 µm fast identisch mit den Maximalwerten, die den
MFE-Ergebnissen des Bildes 53 zugrunde liegen.
Deutlich zu sehen ist, daß in Bereichen kleinerer Kolktiefe
und damit geringerer Beanspruchung im Kolkgrund die Kolklippe der Belastung standhielt.

Die auftretenden Zugspannungen sind auch bei verschlissener
Platte vernachlässigbar gering.

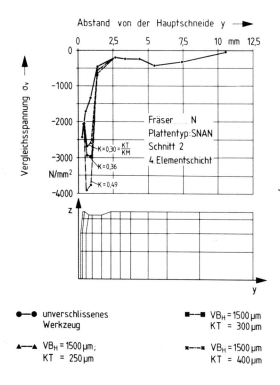

Bild 53: Vergleichspannung der Negativplatte bei unterschiedlichen Kolkverhältnissen

Der Stabilisierungseffekt des Freiflächenverschleißes macht sich bei der höher beanspruchten Positivplatte noch stärker bemerkbar als bei der Negativplatte. Das Hauptspannungsmaximum im Bereich der Schneidkante verringert sich durch den Freiflächenverschleiß um ca. 1500 N/mm^2 (Bild 55).

Der Kolkverschleiß bewirkt auch bei der Positivplatte durch die Schwächung des Schneidteils eine Erhöhung der Beanspruchung vor allem im Kolkgrund.

Die Spannungszunahme durch den Kolk ist bei vorhandenem
Freiflächenverschleiß bei beiden Plattentypen etwa gleich
groß.

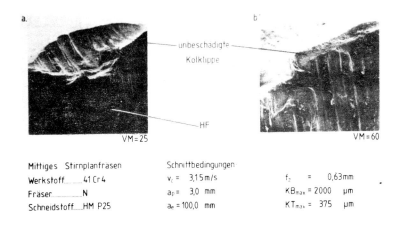

Mittiges Stirnplanfräsen	Schnittbedingungen	
Werkstoff........41 Cr 4	v_c = 3,15 m/s	f_z = 0,63 mm
Fräser........N	a_p = 3,0 mm	KB_{max} = 2000 µm
Schneidstoff.......HM P25	a_e = 100,0 mm	KT_{max} = 375 µm

Bild 54: Erliegen durch mechanische Überbeanspruchung
im Kolkgrund

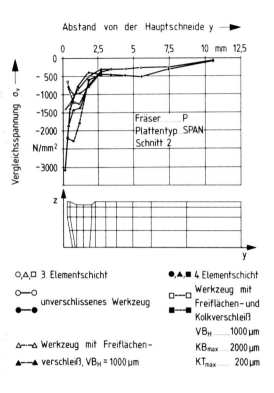

Bild 55: Druckspannungsverlauf der Positivplatte in schleifscharfem und verschlissenem Zustand

- 132 -

3.2.1.4.4 Hauptspannungsrichtungen

Zur Beurteilung der Beanspruchung eines realen Bauteils ist
neben dem absoluten Betrag der maximalen Spannung noch deren Richtung von Interesse.
Im vorliegenden Fall eines dreidimensionalen Netzaufbaus
werden die Projektionen der Hauptspannungstrajektorien in
den drei Ebenen des Koordinatensystems dargestellt. Es ist
dabei zu beachten, daß die Spannungstrajektorien lediglich
eine Aussage über die Tangentenrichtung des Spannungsverlaufs im dargestellten Elementmittelpunkt machen, aber
keinesfalls ein Maß für den Spannungsbetrag darstellen.
Bild 56 zeigt am Beispiel der Negativplatte die Spannungstrajektorien der betragsmäßig größten Hauptspannung.

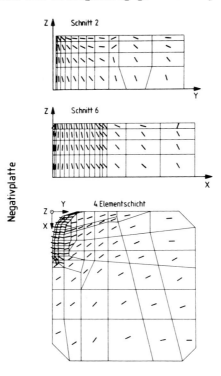

Bild 56: Spannungstrajektorien der minimalen Hauptspannung
(σ_V)

Da die größte äußere Belastung in negativer z-Richtung auf
die Spanfläche wirkt, richtet sich auch der Druckspannungsverlauf im Schneidkeil fast parallel zur Freifläche aus.
Mit größer werdendem Abstand von der Kontaktzone nimmt in
x- und y-Richtung die Neigung der Hauptspannungsrichtungen
gegenüber der z-Achse zunächst zu, um sich im Bereich der
Beilage (Bild 42) wieder in z-Richtung auszurichten.
Diese Hauptspannungsrichtungen ändern sich mit wachsendem
Werkzeugverschleiß nur unwesentlich.
Während σ_2 und σ_3 in sämtlichen Elementen nur negative Werte
annehmen, ergeben sich für σ_1 auch Zugspannungsbereiche
(Bild 57). Im hochbelasteten Schneidkeil nimmt allerdings
auch σ_1 negative Werte an, so daß hier mit einem 3-achsigen
Druckspannungszustand gerechnet werden muß.

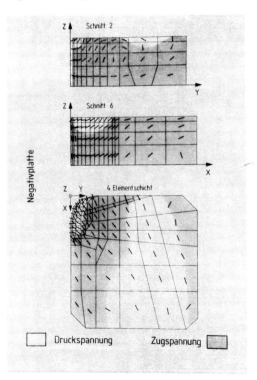

Bild 57: Spannungstrajektorien der maximalen Hauptspannung

3.2.1.4.5 <u>Folgerungen aus den MFE-Berechnungen im Hinblick</u>
<u>auf die Geometrie und den Verschleiß des Schneid-</u>
<u>teils</u>

Im Hinblick auf eine beanspruchungsgünstige Schneidteilgeometrie muß der Freiwinkel, vor allem der der Nebenschneidenfase, möglichst klein gewählt werden (keinesfalls größer
als 6°).
Mit Ausnahme der Bearbeitung von stark klebenden und zur
Kaltverfestigung neigenden Werkstoffen sollte der Spanwinkel bei der Stahl- und Gußbearbeitung $\leq$ + 2° gehalten werden. Allerdings wirkt sich eine Vergrößerung des Spanwinkels bei hinreichend kleinem α und damit bei guter Unterstützung des Schneidkeils in weitaus geringerem Maße auf
die Beanspruchung der Schneide aus, als dies bei einer Vergrößerung von α bei γ = const. der Fall ist.

Versuchsergebnisse von Jung und Bock [118, 119] zeigten,
daß der Widerstand gegen Abrasivverschleiß und die mechanischen Eigenschaften des Hartmetalls durch eine gezielte Beeinflussung des Eigenspannungszustandes innerhalb des Binde-
metalls oder durch eine superponierte makroskopische Druck-
spannung deutlich erhöht werden können.

Eine Beeinflussung des Eigenspannungszustandes ist im vorliegenden Fall jedoch nur dann sinnvoll, wenn in der Bindephase Zugeigenspannungen auftreten.
Die Superposition eines makroskopischen Druckspannungszu-
standes ist im vorliegenden Fall eines Zerspanungswerkzeuges
einmal nicht sinnvoll und zum anderen mit den derzeit bekannten Klemmsystemen nicht möglich.
Ist nämlich die Bindephase des Hartmetalls druckeigenspan-
nungsbehaftet, so wird sich zwar im niedrigbelasteten Teil
der Verschleißmarke nach Jung [118] ein geringeres Verschleißwachstum einstellen, an der durch Druckspannungen
hoch belasteten Schneide wird dagegen das Erliegen durch
plastische Deformation schon bei wesentlich geringeren

- 135 -

äußeren Belastungen eintreten.

Die Ergebnisse der MFE-Berechnungen ergaben, daß eine Beeinflussung des Spannungszustandes im Schneidkeil durch die
Klemmkräfte nicht möglich ist. Die Klemmkräfte sollten deshalb gerade so groß gehalten werden, daß eine zuverlässige
Fixierung der Schneidplatte im durch die Zerspankraftkomponenten unbelasteten Zustand gewährleistet ist.

Die beim Fräsen verstärkt auftretende Kammrißbildung, die
häufig zum Erliegen des Werkzeugs führt, bedingt einen
Schub- oder Zugspannungszustand, der das Rißwachstum unter-
stützt. Die Berechnungen ergaben, daß weder durch die Klemmkräfte
allein, noch durch Kombination von Klemmkräften und Zerspankraftkomponenten im Schneidkeil Spannungszustände auf-
gebaut werden können, die das Wachstum von Kammrissen auf-
recht erhalten können.
Es ist deshalb unmöglich, daß Kammrisse beim Fräsen durch
die äußere mechanische Belastung während des Werkzeugeingriffs entstehen und wachsen können (siehe Kap. 4.2.3).

3.2.2 Thermische Beanspruchung des Schneidteils

3.2.2.1 Grundlagen

Die Temperaturänderungen im Schneidteil eines Fräswerkzeuges
können als Ergebnis einer nichtstationären Wärmeleitung in
ruhenden Körpern verstanden werden.
Der Grundgedanke bei der Herleitung der Wärmeleitungsglei-
chung ist der, daß die Temperaturänderung eines Volumenel-
ments der Differenz zwischen ein- und ausströmender Wärme
proportional sein muß, wenn angenommen wird, daß im Volumenelement selbst keine Wärmequellen vorhanden sein sollen.

Für ein isotropes und homogenes Volumenelement gilt:

$$\frac{\partial \Theta}{\partial t} = a \, \nabla^2 \Theta \tag{58}$$

Werden die durch den Nabla-Operator ∇ symbolisierten Differentialoperationen für ein kartesisches Koordinatensystem durchgeführt, ergibt sich:

$$\frac{\partial \Theta}{\partial t} = a \left(\frac{\partial^2 \Theta}{\partial x^2} + \frac{\partial^2 \Theta}{\partial y^2} + \frac{\partial^2 \Theta}{\partial z^2} \right) \tag{59}$$

mit

$$a = \frac{\lambda}{\rho \cdot c_p} \tag{60}$$

Gleichung 59 ist allgemein als Fourier'sche Differentialgleichung der Wärmeleitung bekannt. Für geometrisch einfache Körperformen existieren eine Vielzahl analytischer und graphischer Lösungen dieser Gleichung [120 - 123].

3.2.2.2 Wärmeleitungsmodell und Randbedingungen

Bei der Berechnung des Temperaturverlaufs im Werkzeug wird zweckmäßigerweise auf ein Koordinatensystem übergegangen, dessen z-Achse in Richtung abnehmender Temperatur zeigt (Bild 58). Dieses Koordinatensystem ist mit dem, das den MFE-Berechnungen zugrunde liegt, wie folgt verknüpft:

$$\zeta = -(z - s)$$
$$\eta = x - 1$$
$$\vartheta = -y$$

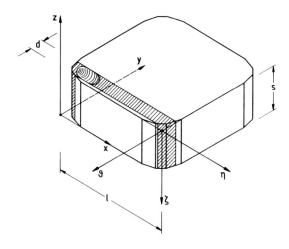

Bild 58: Koordinatensystem zur Berechnung des Temperaturprofils

Bei der Modellbildung wird nur der Ausschnitt aus der Hart-
metallplatte berücksichtigt, für den die temperaturbeding-
ten Spannungen maximal werden. Dies trifft im vorliegenden
Fall für den Bereich der Kolkmitte zu.
Dieser Ausschnitt soll folgenden Randbedingungen genügen
(Modellvorstellung nach Blauel [124]):

- Der Ausschnitt sei eine dünne (d ≪ 1,s),
  rechteckige Platte aus isotropem Material.

- Der Wärmeausdehnungskoeffizient α und der
  Elastizitätsmodul E seien temperaturunabhängig.

- $\Theta = \Theta(\zeta)$

- Für t = 0 existiert im Platteninneren eine
  Temperaturverteilung, die durch die Funktion
  $\Theta_A(\zeta)$ festgelegt wird.

Während der Spanabnahme wird die Oberfläche der Hartmetall-
platte im Bereich der Kontaktzone auf der Spanfläche sehr
stark aufgeheizt.
Es wird ein sprungartiger Temperaturwechsel von $\Theta(t=0) = \Theta_A$
auf $\Theta(t \geq 0) = \Theta_0$ in der Kontaktzone vorausgesetzt, wobei
die Oberflächentemperatur über die gesamte Dauer des Werkzeugeingriffs konstant sein soll.
Für den Temperatursprung gelten folgende Randbedingungen:

$$\Theta(\zeta, \, t \leq 0) \quad = \quad \Theta_A$$

$$\Theta(\zeta = 0; \, t > 0) = \quad \Theta_0$$

wobei gilt:

    für Aufheizung (Spanabnahme)   : $\Theta_0 \geq \Theta_A$

    für Abkühlung (nach Austritt des

                     Werkzeugs)   : $\Theta_0 \leq \Theta_A$

Nach Carlslaw, Jaeger [120] und Schlünder [125] läßt sich
unter Berücksichtigung der aufgeführten Randbedingungen
eine Näherungslösung von Gleichung 59 angeben, die für die
beim Fräsen vorliegenden kurzzeitigen Temperaturwechsel-
zyklen relativ genaue Ergebnisse liefert:

$$\Theta(\zeta, t) = (\Theta_0 - \Theta_A) \cdot (1 - \text{erf} \, \frac{\zeta}{2 \sqrt{a \cdot t}}) + \Theta_A \qquad (61)$$

Entsprechend der Modellvorstellung von Blauel [124] lassen
sich die thermischen Spannungen, die in einem Plattenelement
durch einen über ζ nicht symetrischen Temperaturverlauf induziert werden, ausdrücken durch Rückführung auf ein iso-
thermes Problem mit Randkräften.
Das bedeutet: Diejenigen temperaturbedingten Dehnungen des
Plattenelements, die zu Zwangskräften führen, werden durch
Aufprägen von äußeren Kräften kompensiert.

Die Kompensation wird so vorgenommen, daß die Randbedingungen des durch äußere Kräfte unbelasteten Plattenelements (Kräftefreiheit der Ränder, Momentengleichgewicht) wiederhergestellt sind.
Nach Blauel [124] läßt sich somit ein Ansatz für die temperaturbedingten Spannungen in Richtung der Hauptschneide wie folgt formulieren:

$$\sigma_\eta(\varsigma,t) = - E \cdot \alpha \ (\Theta(\varsigma,t) - \Theta_A) + C_1 + C_2 \cdot (\varsigma - b/2) \tag{62}$$

mit

$$C_1 = \frac{E \cdot \alpha}{b} \cdot \int_0^b (\Theta(\varsigma,t) - \Theta_A) \cdot d\varsigma \tag{63}$$

$$C_2 = \frac{12 \cdot E \cdot \alpha}{b^3} \cdot \int_0^b (\varsigma - b/2) \cdot (\Theta(\varsigma,t) - \Theta_A) \cdot d\varsigma \tag{64}$$

Eine Kurvendiskussion des Temperatur- und Spannungsverlaufs zeigt, daß beide Kurven einen qualitativ ähnlichen Verlauf annehmen müssen, wie er von Lehwald, Vieregge und Yellowley [5, 82, 135] angenommen wird (Bild 59), allerdings mit dem Unterschied, daß am temperaturbeeinflußten Rand der Platte die Spannungen nach dem oben angegebenen Zusammenhang $\neq 0$ sind.

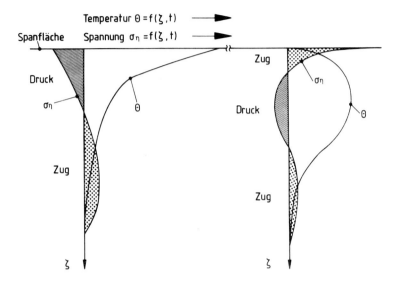

<u>Bild 59:</u> Schematische Darstellung des Spannungsverlaufs
über der Dicke einer einseitig temperaturbeaufschlagten Platte

3.2.2.3 <u>Temperaturverlauf und temperaturbedingter</u>
<u>Spannungsverlauf im Schneidteil</u>

Als Startwert für die Berechnung des Temperaturverlaufs muß
die maximale Aufheiztemperatur bekannt sein. Da die Temperaturmessung am Schneidteil von Fräswerkzeugen nicht Gegenstand dieser Arbeit war, wurde die Maximaltemperatur aus
Untersuchungen anderer Forschungsstellen übernommen.
Die Untersuchungen von Lehwald, Lowack, Vieregge, Lenz und
Lee et.al. [82, 126 - 129] kommen aufgrund unterschiedlicher Meßverfahren zu der übereinstimmenden Aussage, daß bei
der Stahlzerspanung mit Spanflächentemperaturen bis zu
1100°C gerechnet werden muß. Als Ort für das Auftreten derartiger Temperaturen wird die Kolkmitte angegeben.

Für die Berechnungen wurde eine Schnittgeschwindigkeit
v_c = 2,0 m/s, eine Eingriffsbreite a_e = 100 mm und ein Fräserdurchmesser von D = 125 mm angenommen. Diese Schnittbedingungen führen beim mittigen Stirnplanfräsen zu einer
maximalen Aufheizzeit t_E = 0,058 s und einer maximalen Abkühlzeit t_K = 0,138 s.
Die physikalischen Daten der Hartmetallsorte P25 wurden der
Literatur entnommen [130, 131].
Für die Berechnung wird weiterhin angenommen, daß die Temperaturänderungen während des Werkzeugeingriffs im Vergleich zum Temperatursprung beim Eintritt bzw. Austritt des
Werkzeuges vernachlässigbar klein seien.

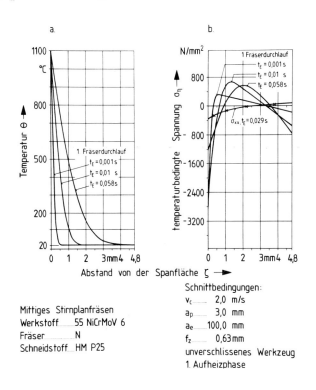

Bild 60: Temperatur- (a.) und temperaturbedingter Spannungsverlauf (b.) während der 1. Aufheizphase

Die unter diesen Voraussetzungen zu erwartenden Temperaturen
zeigt Bild 60a für verschiedene Eingriffs- bzw. Aufheizzeiten t_E.

Für sehr kleine Aufheizzeiten ist das Temperaturgefälle unmittelbar unterhalb der Spanfläche sehr stark. Mit zunehmender Aufheizzeit werden auch tiefer liegende Schichten aufgeheizt, und der Temperaturgradient wird kleiner.
Theoretisch maximale Spannungen sind an der sprungartig auf-
geheizten Spanfläche für t_E 0 zu erwarten (Bild 60b). Mit
zunehmender Aufheizzeit und kleiner werdendem Temperaturgradient verringern sich auch die Druckspannungsmaxima in
den spanflächennahen Bereichen (ζ < 1 mm).

Diese temperaturbedingten Spannungen überlagern sich während
des Werkzeugeingriffs mit den aus den Zerspankraftkomponenten resultierenden Spannungen σ_{xx} (Bild 60b), die jedoch
im Bereich der Kolkmitte relativ geringe Werte annehmen und
zudem bezüglich der Eingriffszeit einen antizyklischen Verlauf aufweisen. Das heißt, bei den Eingriffszeiten bzw.
-winkeln, bei denen die temperaturbedingten Spannungen Maximalwerte erreichen, ist die Spanungsdicke und damit die mechanisch bedingte Spannung sehr klein, während für $\varphi = 90^\circ$
bzw. $t_E = 0,029$ s - hier hat die mechanisch bedingte Spannung ihr Maximum - das temperaturbedingte Randspannungs-
maximum schon deutlich geringer ist.

Die theoretisch möglichen maximalen Temperaturspannungen als
Grundlage von Festigkeitsbetrachtungen anzunehmen, wäre allerdings unrealistisch, da die Spanflächentemperatur
$\Theta_0 = 1100^\circ$ C nicht als idealer Temperatursprung auftritt,
wie es im Rechenmodell angenommen wird, sondern den Maximalwert erst nach einer gewissen Verzögerung erreicht. Dies bewirkt eine Verringerung der Druckspannungsmaxima im Spanflächenbereich.

Bei der Abkühlung des Schneidteils muß zwischen Fräsen mit
Kühlmittelzugabe und Fräsen im Trockenschnitt unterschieden
werden, da bei beiden Verfahren die den Wärmeübergang charakterisierende Temperaturgrenzschicht grundsätzlich unterschiedlichen Aufbau und Dicke aufweist.

Wenn das Fräswerkzeug beim Austritt von einem intensiven
Kühlmittelstrahl umspült wird, dann tritt auf der Spanfläche zwar kurzfristig Film- oder Blasensieden auf, die
Dampfblasen werden vom Kühlmittelstrom jedoch sofort weg-
gespült, so daß mit einem fast verzögerungsfreien Temperatursprung auf der Spanfläche von 1100° C auf 20° C gerechnet werden muß.
Auch dieser Temperatursprung läßt sich mit Gleichung 61
beschreiben, wenn vorausgesetzt wird, daß

$$\Theta_o = 20^{\circ} \text{ C}$$

und

$$\Theta_A = \Theta \ (\zeta; t_E = 0,058 \text{ s}) \qquad \text{(siehe Bild 60a)}$$

gilt.
Bild 61a zeigt den erwartet stark positiven Temperaturgra-
dienten im Spanflächenbereich unmittelbar nach Austritt des
Werkzeugs. Der Temperaturgradient nimmt mit steigender Abkühlzeit ab und erreicht unmittelbar vor Wiedereintritt des
Werkzeugs ($t_K = 0,138$ s) sein Minimum.
Der dargestellte Temperaturverlauf bedingt direkt an und
unmittelbar unterhalb der Spanfläche sehr hohe Zugspannungen (Bild 61b), die sich während der Abkühlphase nur mit
den aus den Klemmkräften resultierenden mechanischen Spannungen überlagern können. Die Auswirkungen der Klemmkräfte
auf den Spannungsverlauf im Schneidkantenbereich sind allerdings vernachlässigbar gering.
Wird die Eingangsbedingung, daß die oberflächennahen Bereiche der HM-Platte beim Austritt fast sprungartig auf die

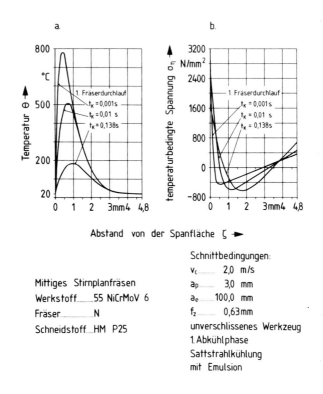

Abstand von der Spanfläche ζ ➤

Mittiges Stirnplanfräsen
Werkstoff___55 NiCrMoV 6
Fräser_____N
Schneidstoff__HM P25

Schnittbedingungen:
v_c_____ 2,0 m/s
a_p_____ 3,0 mm
a_e____100,0 mm
f_z_____ 0,63 mm
unverschlissenes Werkzeug
1. Abkühlphase
Sattstrahlkühlung
mit Emulsion

Bild 61: Temperatur -(a.) und temperaturbedingter Spannungsverlauf (b.) während der 1. Abkühlphase

Kühlmitteltemperatur von 20° C abkühlen, aufrechterhalten,
so übersteigt die maximale Spannung die Zugfestigkeit um
fast 70 %.
Derartige Spannungen müßten zur augenblicklichen Rißbildung
im Spanflächenbereich führen, wenn die Zugfestigkeit R_m
allein als Kriterium herangezogen wird. Eine wesentlich
differenziertere Betrachtungsweise von Rißentstehung und
-wachstum ist mit Hilfe des Spannungsintensitätsfaktors K
möglich, da hier neben dem Spannungszustand die Temperatur
und die Geometrie von Oberflächendefekten berücksichtigt
wird [133]. Auf diese Problematik wird in Kapitel 4.2.3
näher eingegangen.

Wenn beim Fräsen ohne Kühlmitteleinsatz das Werkzeug an Luft
mit Umgebungstemperatur abkühlt, muß bei der relativ geringen Anströmgeschwindigkeit v_c mit einer ausgedehnten Temperaturgrenzschicht gerechnet werden. Die Annahme eines
sprungähnlichen Temperaturverlaufs an der Spanfläche bei
Austritt des Werkzeugs kann somit nicht mehr aufrechterhalten werden. Zur Berechnung der Wärmeübergangszahl α müssen
die Strömungsverhältnisse an der Wendeschneidplatte bekannt
sein.
Es zeigte sich, daß mit den in der Literatur [122, 123, 125]
angegebenen Ansätzen zur Berechnung der Nusselt-Zahl einer
schräg angeströmten Platte bei den vorliegenden kleinen
Reynoldszahlen ($Re_L \ll 1$) der Wärmeübergang an einer Wendeschneidplatte nicht beschrieben werden kann.
Eine Berechnung des Temperaturverlaufs bei Abkühlung an
Luft ist demnach nur durch eine Abschätzung der Spanflächentemperatur möglich.

In Bild 62 sind für unterschiedliche Spanflächentemperaturen
$\Theta_O(\zeta = 0; t_K = \text{const.})$ die Temperatur- und Spannungsverläufe
über der Plattendicke dargestellt. Die Abnahme der Spannungsspitze in spanflächennahen Bereichen bei Verringerung
des Temperatursprungs beim Austritt des Werkzeugs ist deutlich zu sehen.

Diese Verringerung der temperaturbedingten Spannungen läßt
sich während der Abkühlphase durch eine äußere Wärmezufuhr
- beispielsweise durch Heizen mit einer Gasflamme [134] -
erreichen. Versuche von Zorew [132] ergaben Standzeiterhö-
hungen um das 1,5 bis 4-fache, wenn durch Heizen sicherge-
stellt wird, daß die Spanflächentemperatur in der Abkühlphase nicht unter 250° C abfällt.

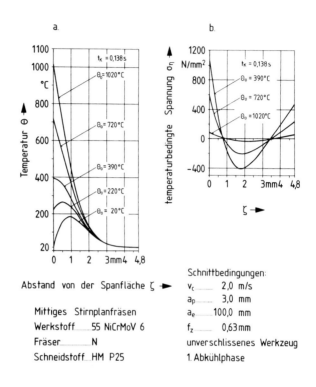

Bild 62: Temperatur- und Spannungsverlauf während der Abkühlphase bei unterschiedlichen Spanflächentemperaturen

Die bisher berechneten Temperatur- und Spannungsprofile gelten nur für die 1. Aufheiz- bzw. 1. Abkühlphase. Wird das Berechnungsverfahren auf eine Anzahl n > 1 Temperaturwechsel ausgedehnt, so zeigt sich, daß der Temperaturgradient in den gefährdeten spanflächennahen Bereichen für t = const. nur von der Höhe des Temperatursprungs beeinflußt wird (Bild 63a). Demnach unterscheidet sich auch das temperaturbedingte Spannungsprofil bei höheren Zykluszahlen nur unwesentlich von dem der 1. Abkühlphase (Bild 63b).

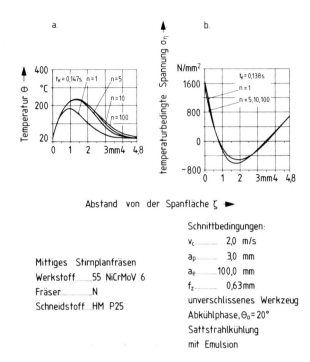

Abstand von der Spanfläche ζ →

Mittiges Stirnplanfräsen
Werkstoff____55 NiCrMoV 6
Fräser_____N
Schneidstoff__HM P25

Schnittbedingungen:
v_c .... 2,0 m/s
a_p .... 3,0 mm
a_e ....100,0 mm
f_z 0,63mm
unverschlissenes Werkzeug
Abkühlphase, $\Theta_0 = 20°$
Sattstrahlkühlung
mit Emulsion

Bild 63: Temperatur- und Spannungsverlauf während der
Abkühlphase bei höheren Zykluszahlen

4. ANALYSE DES VERSCHLEISSPROZESSES BEIM FRÄSEN

In Anlehnung an die Verschleißdefinition in DIN 50320 [136]
läßt sich der Verschleiß eines spanenden Werkzeugs wie folgt
definieren:

Als Werkzeugverschleiß ist der fortschreitende Materialverlust aus der Oberfläche des Schneidteils zu verstehen,
der durch den Kontakt und die Relativbewegung von Werkzeug,
Werkstück und Span in einem bestimmten Umgebungsmedium hervorgerufen wird.

Aus dieser Definition wird deutlich, daß der Werkzeugverschleiß bei der Zerspanung aus dem Zusammenwirken mehrerer
Komponenten resultiert und z.B. nicht durch die Festig-
keitseigenschaften eines einzelnen Tribopartners allein
beschrieben werden kann. Der Verschleiß bei der Zerspanung
muß demnach, wie bei anderen tribologischen Systemen, als
Systemeigenschaft verstanden werden.

4.1 Systemanalyse

Die theoretische Beschreibung eines tribologischen Systems
läßt sich nach [39] entsprechend Bild 64 darstellen.

Die Systemstruktur S setzt sich aus den Systemelementen,
d.h., den eigentlichen Bauelementen des Systems, deren
Eigenschaften sowie den Wechselwirkungen zwischen den
Systemelementen zusammen.

Die Funktion dieses Systems läßt sich durch Überführen der
Eingangsgrößen {X} in die Ausgangsgrößen {Y} beschreiben.
Das Beanspruchungskollektiv {X} stellt dabei die Zusammenfassung aller Eingangsgrößen dar, die auf die Systemstruktur wirken.

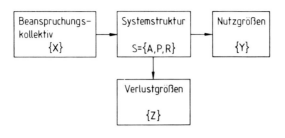

I   Systemstruktur $S = \{A, P, R\}$

　　　　　　　　　A: Systemelemente

　　　　　　　　　P: Eigenschaften der Systemelemente

　　　　　　　　　R: Wechselwirkungen

　　　　　　　　　　　der Systemelemente

II   Beanspruchungskollektiv　　　　$\{X\}$
　　　(Eingangsgroßen)

III Nutzgrößen　　　　　　　　　　$\{Y\}$

IV   Funktion des Systems　　　　　$\{Y\} = f\{X\}$

V   Tribologische Verlustkenngrößen　$\{Z\} = f(X,S)$

Bild 64:   Systemanalyse eines tribologischen Systems

Im Gegensatz zu einem elektrischen System (z.B. Transfor-
mator), dessen Struktur zeitlich unverändert bleibt, muß
bei tribologischen Systemen mit einer zeitabhängigen Struk-
turänderung durch Verschleißvorgänge (Verlustgrößen $\{Z\}$)
gerechnet werden.
In der Sprache der Systemanalyse sind die Verlustgrößen $\{Z\}$
von der Systemstruktur S und vom Beanspruchungskollektiv $\{X\}$
abhängig. Ebenso beeinflussen sich Systemstruktur S und das
Beanspruchungskollektiv gegenseitig und dürfen deshalb
nicht als voneinander unabhängige Variable aufgefaßt werden.

Der in Bild 64 dargestellte allgemeine Fall der Systemanalyse eines tribologischen Systems wird in Bild 65 auf den
speziellen Fall des Fräsprozesses angewandt.

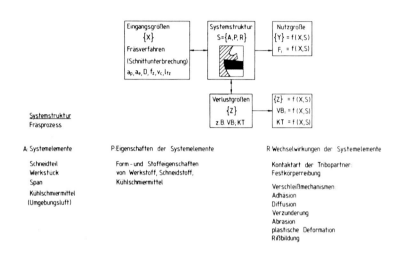

Bild 65: Systemanalyse des Fräsprozesses

Als Nutzgröße (Ausgangsgröße) des Prozesses wird hier nicht
ein funktionsfähiges Werkstück angenommen, dies wird als
gegeben vorausgesetzt, sondern die Zerspankraftkomponenten
und der Werkzeugverschleiß in Abhängigkeit von den Eingangsgrößen und der Systemstruktur.

Diese Verknüpfung der Ausgangs- mit den Eingangsgrößen kann
auf zwei Arten vorgenommen werden:

1. Funktionsbeschreibung
   Wenn die Ausgangs- sowie die zugehörigen Eingangsgrößen bekannt sind, kann durch Regression eine
   funktionale Abhängigkeit gefunden werden, die Gültigkeit besitzt, solange sich die Systemstruktur
   nicht ändert.

2. Strukturbeschreibung

Gelingt es, das Übertragungsverhalten der Systemstruktur zu bestimmen, so können auch bei variab-
ler Systemstruktur die Ausgangsgrößen berechnet
werden.

Während die Funktionsbeschreibung bei Zerspanungsuntersuchungen häufig angewandt wird (siehe Zerspankraftformeln
Kap. 3.1.2.1), läßt sich beim derzeitigen Stand der Forschung eine Zerspankraft- und Verschleißfunktion mittels
Strukturbeschreibung nicht aufstellen.
Während die Wirkung der Systemelemente und deren Eigenschaften auf die Zerspankraft und den Verschleiß durchaus
mathematisch darstellbar sind, entzieht sich die Wirkung
der Verschleißmechanismen in ihrem Zusammenwirken auf den
Werkzeugverschleiß einer strukturbeschreibenden mathematischen Darstellung [39, 137, 138, 139].

4.2 Verschleißmechanismen

Die Auswirkungen aller in Bild 65 aufgeführten Verschleißmechanismen konnten mittels REM- und Mikrosonde nachgewiesen
werden. Es zeigte sich jedoch, daß Adhäsion und Verzunde-
rung beim Fräsen der Versuchswerkstoffe keinen standzeitbestimmenden Einfluß auf den Werkzeugverschleiß haben.
Im Folgenden sollen deshalb nur die für die Beschreibung
des Verschleißwachstums wichtigen Verschleißmechanismen

> Abrasion,
> plastische Deformation,
> Rißbildung und
> Diffusion

eingehender untersucht werden.
Während Abrasion, plastische Deformation und Rißbildung jeweils allein einen standzeitbestimmenden Verschleiß bzw.
Bruch des Werkzeugs bewirken können, führt die Diffusion
von Atomen aus den tribologisch beanspruchten Oberflächen-
bereichen zwar zu einem unmittelbaren Materialverlust, der
meßbar sein kann, viel gravierender ist jedoch die Schwächung des Hartmetallgefüges durch Diffusion, das dann dem
abrasiven Verschleiß nur noch einen geringen Widerstand
entgegensetzen kann.
Unter Diffusionsverschleiß muß bei den Gegebenheiten der
Zerspanung deshalb immer eine Kombination von interkristal-
liner Diffusion, Abrasion und Adhäsion verstanden werden.

4.2.1 Abrasion

4.2.1.1 Grundlagen

Abrasion kann vor allem dort wirksam werden, wo der weiche-
re Werkstoff über den härteren Schneidstoff gleitet. Dabei
sind die Karbidkörner an der Schneidkante am meisten beansprucht. Ihnen fehlt eine starke Rückenanlage, wie sie Par-
tikel haben, die allseitig in die Bindephase eingebettet
sind. Die Karbidkörner, die aufgrund der hohen Schubspannungen aus dem Karbidskelett herausgebrochen werden, wan-
dern über die jeweilige Kontaktzone ab und bewirken eine
Riefen- und Mikrospanbildung. Die abrasive Verschleißwir-
kung setzt ebenso am weicheren Bindemetall wie am Karbidskelett an.
Das Erscheinungsbild der Abrasion ist bei Hartmetallen
durch Riefen und Ausbröckelungen gekennzeichnet (Bild 66).

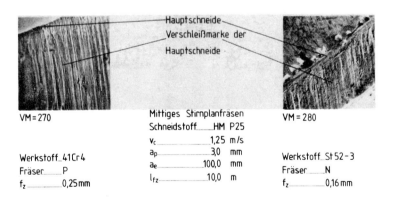

	Mittiges Stirnplanfräsen	
VM = 270	Schneidstoff....HM P25	VM = 280
	v_c...........1,25 m/s	
	a_p............3,0 mm	
Werkstoff..41Cr4	a_e..........100,0 mm	Werkstoff..St52-3
Fräser......P	l_{fz}.........10,0 m	Fräser....N
f_z........0,25mm		f_z.......0,16mm

Bild 66: Typische Erscheinungsbilder abrasiven Verschleißes
an HM-Wendeschneidplatten

Bei Schnittgeschwindigkeiten, die zur Kammrißbildung führen
können, kommt es im Bereich der Hauptschneide zu extremer
Riefenbildung (Bild 67), während die Nebenschneidenfase eine

relativ glatte Verschleißfläche zeigt.

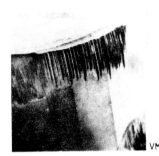

VM = 1200

VM = 25

Mittiges Stirnplanfräsen	Schnittbedingungen:	
Werkstoff............41Cr4	v_c = 2,0 m/s	f_z = 0,1 mm
Fräser...............N	a_p = 3,0 mm	l_{fz}= 10,0 m
Schneidstoff......HM P25	a_e = 100,0 mm	

Bild 67: Verschleißformen an HM-Wendeschneidplatten

Bild 67 zeigt rechts vergrößert die Talsohle einer derartigen Verschleißriefe. Deutlich zu sehen ist ein Mikrokamm-
riß, der, ausgehend von der Talsohle, den umliegenden Korn-
verbund schwächt. Der stärkere Schneidstoffabtrag an bestimmten Stellen der Hauptschneide kann somit folgender-
maßen erklärt werden:

- Schwächung des HM-Gefüges an den Stellen, an denen
  Makro- oder Mikrokammrisse bis an die Hauptschneide
  gewachsen, oder im Bereich der Hauptschneide ent-
  standen sind.

- Höhere Beanspruchung des Schneidstoffes im Bereich
  der Talsohle dieser Vertiefungen durch Kerbspannungen.

Im Gegensatz zur Hauptschneide ist die Nebenschneide einer
wesentlich geringeren Temperaturbelastung ausgesetzt. Die
temperaturbedingten Spannungen reichen hier zur Rißbildung

nicht aus. Die Folge hiervon ist eine relativ glatte Verschleißfläche, ähnlich der in Bild 66 gezeigten.

4.2.1.2 Meßstellen und Darstellungsmöglichkeiten

Die Verschleißuntersuchungen zeigen eindeutig, daß von den
in Bild 12 dargestellten Meßstellen die Meßstellen ① und
⑦ bei allen untersuchten Werkstoffen den maximalen Verschleiß an Haupt- bzw. Nebenschneide aufweisen, außerdem
kann das Verschleißwachstum in Abhängigkeit vom Vorschubweg an diesen Meßstellen als charakteristisch für den gesamten Schneidenbereich angesehen werden. Die Darstellung
des Verschleißwachstums kann deshalb im folgenden ohne Beschränkung der Allgemeingültigkeit der Ergebnisse am Beispiel der Meßstellen ① und ⑦ erfolgen.
Als Basis zur Darstellung des Verschleißwachstums hat sich
in der Praxis

• das zerspante Volumen/Schneide

• der Vorschubweg/Schneide

• die effektive Schnittzeit/Schneide

durchgesetzt.
Laut Siebel [17] ist eine ausschließlich zeitabhängige Be-
trachtung des Werkzeugverschleißes jedoch unzweckmäßig, da
diese Art der Darstellung die Standmengengewinne, die durch
Anwendung größerer Vorschübe möglich werden, nicht klar erkennen läßt.
Im folgenden wird der Werkzeugverschleiß deshalb über dem
Vorschubweg/Zahn l_{fz} aufgetragen, woraus sich die pro Standzeit herstellbare Anzahl der Werkstücke leicht errechnen
läßt.
Zur Beurteilung der Wirkung der einzelnen Verschleißmechanismen ist es allerdings vorteilhaft, parallel zu der

$VB_i = f(l_{fz})$-Darstellung den Verschleiß über dem effektiven Reibweg bzw. bei konstanten Randbedingungen über der Schnittzahl i darzustellen.

4.2.1.3 Freiflächenverschleiß

Bild 68 zeigt den Freiflächenverschleiß der Hauptschneide in Abhängigkeit vom Vorschubweg pro Schneide. Die Verschleißkurven zeigen den für den abrasiven Verschleißmechanismus typischen Verlauf [140, 141]:

a) Degressiver Anstieg bis zum Erreichen der "Arbeitsschärfe".

b) Lineares Verschleißwachstum.

c) Progressiver Anstieg bis zum Standzeitende.

Da die Verschleißuntersuchungen aus Zeitgründen nach einem Vorschubweg von l_{fz} = 10 m abgebrochen wurden, sind bei niederen Schnittgeschwindigkeiten nur die Bereiche a) und b) vorhanden. Lediglich die Schnittgeschwindigkeit-/Vorschubkombination 3,15/0,1 zeigt bereits ab l_{fz} = 3 m ein progressives Verschleißwachstum.
Bei konstantem Vorschub/Zahn und steigender Schnittgeschwindigkeit nimmt auch die Verschleißmarkenbreite stark zu. Dieser erhöhte Materialabtrag ist auf die temperaturbedingte Verringerung der Härte in den Randschichten des Hartmetalls zurückzuführen.
Wird dagegen bei konstanter Schnittgeschwindigkeit der Vorschub/Zahn erhöht, so ergibt sich bei gleichem Vorschubweg beim höheren Vorschub ein geringerer Freiflächenverschleiß an der Hauptschneide. Anders ausgedrückt bedeutet dies:
Bei vorgegebenem Standzeitkriterium VB_H = const. läßt sich mit höheren Vorschüben eine größere Standmenge erzielen,

wobei die standzeitbestimmende Größe sich vom Freiflächenverschleiß auf die mechanische Belastbarkeit der Wendeschneidplatte verlagert.

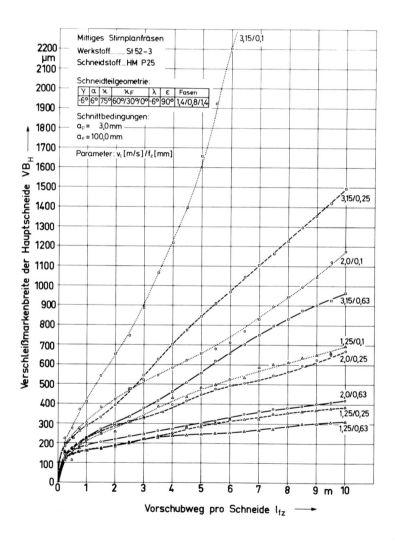

Bild 68: Freiflächenverschleiß der Hauptschneide

Die in Bild 68 gewählte Darstellungsart zeigt zwar deutlich
die für den Praktiker wichtigen Vorteile, die durch Erhöhung
des Vorschubs erzielt werden können, der zur quantitativen
Untersuchung des abrasiven Verschleißmechanismus wichtige
effektive Reibweg

$$w = \frac{l_{fz}}{f_z} \cdot \pi \cdot D \cdot \frac{\varphi_2 - \varphi_1}{360^0} \qquad (65)$$

ist jedoch vorschubabhängig (Gleichung 65) und kann aus Diagramm 68 nicht direkt ermittelt werden.
Werden nur Schnittgeschwindigkeit und Vorschub/Zahn variiert
und die Eingriffsgrößen konstant gehalten, so ist die Schnittzahl i direkt proportional zum Reibweg w.

$$\frac{l_{fz}}{f_z} = i = w \cdot C \qquad (66)$$

mit

$$C = \frac{1}{\pi \cdot D \cdot \frac{\varphi_2 - \varphi_1}{360^0}} \qquad (67)$$

In Bild 69 sind die Verschleißwerte aus Diagramm 68 über der
Schnittzahl bzw. dem effektiven Fräsweg aufgetragen.

Die Verschleißfunktion wird bei rechnerunterstützter Darstellung durch ein Polynom höherer Ordnung angenähert. Aus
Gründen der Übersichtlichkeit sind in der gezeigten Darstellung nur die beiden letzten Meßwerte sowie der Verlauf der
Verschleißfunktion eingezeichnet.

Es zeigt sich, daß der Freiflächenverschleiß im Bereich
$0,1$ mm $\leq f_z \leq 0,63$ mm unabhängig vom Vorschub ist, wenn
gleiche Temperaturverhältnisse an der Schneide vorausgesetzt werden. Diese Aussage decke sich mit den Ergebnissen
von Ehmer [42] bei der Drehbearbeitung mit HM-Werkzeugen.

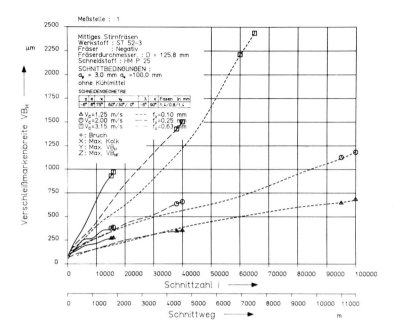

Bild 69: Freiflächenverschleiß der Hauptschneide

Innerhalb dieses Bereiches (1,25 m/s $\leq v_c \leq$ 2,0 m/s) ist der Freiflächenverschleiß nur eine Funktion des Reibwegs und der Schnittgeschwindigkeit. Weiterhin kann hieraus geschlossen werden, daß die Belastung der Freifläche durch Normal- und Reibkräfte entweder unabhängig vom Vorschub ist, oder aber keinen Einfluß auf das Verschleißwachstum hat. Diese letztgenannte Folgerung kann allerdings unter Berücksichtigung der Ergebnisse von Habig [141], nach denen die Normalkraft einen starken Einfluß auf das Verschleißwachstum ausübt, nicht aufrechterhalten werden.

Die Freiflächenkräfte müssen demnach als vorschubunabhängig angenommen werden.

Die Tatsache, daß sich der Freiflächenverschleiß fast aller

Verschleißversuche bei v_c = 3,15 m/s in der VB = f(i)-Dar-
stellung nur sehr ungenau durch eine Ausgleichskurve darstellen läßt, deutet darauf hin, daß bei hohen Schnittgeschwindigkeiten vorschubabhängige Temperatureinflüsse die
Härte des HM-Gefüges an der Freifläche verringern.

Die Verschleißkurven des chromlegierten Vergütungsstahls
41 Cr 4, dessen Brinellhärte um ca. 50 % über der des
St 52 - 3 liegt, zeigen den im Vergleich zu Bild 68 erwarteten stärkeren Anstieg (Bild 70).
Obwohl die äußere Belastung des Werkzeugs durch die Zerspankraftkomponenten bei 41 Cr 4 nicht höher ist als bei St 52-3,
erlagen sämtliche Platten, die mit großen Vorschüben (f_z =
0,63 mm) eingesetzt wurden, weit vor Erreichen eines Stand-
zeitkriteriums bei relativ geringen Verschleißmarkenbreiten
durch Bruch. Der Schneidkeil dieser Werkzeuge wurde durch
die starke Kolk- und/oder Kammrißbildung so geschwächt, daß
er der mechanischen Belastung nicht mehr standhielt.
Bild 71 zeigt anhand von REM-Aufnahmen den Bruchverlauf dieser Wendeschneidplatten.

Bei der niedrigen Schnittgeschwindigkeit v_c = 1,25 m/s ist
die Kolktiefe gering. Die Platte erlag durch einen Gewaltbruch im Bereich der gesamten Hauptschneide, der durch das
Zusammentreffen von Kamm- und Querrissen auf der Freifläche
ausgelöst wurde.

Bei v_c = 3,15 m/s ergab sich eine wesentlich tiefere Auskolkung. Die Schneidplatte erlag durch Bruch der Kolklippe
in Bereichen maximaler Kolktiefe, ausgelöst durch Über-
schreiten der Druckfestigkeit im Übergangsbereich Kolklippe-
Kolkgrund (vergl. Kap. 3.2.1.4.3).

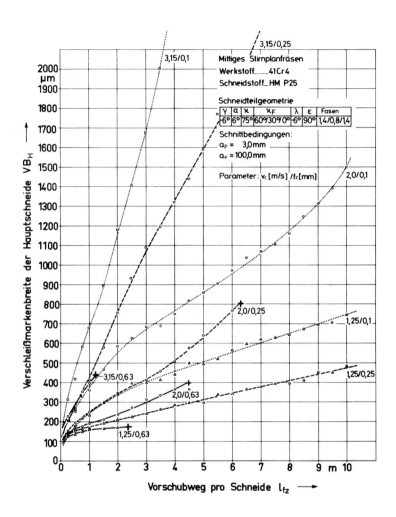

Bild 70: Freiflächenverschleiß der Hauptschneide

VM = 24   VM = 600   VM = 57
$v_c = 1{,}25\,m/s\,;\,l_{fz}=2{,}5m$

Bruchart   Gewaltbruch der Schneidkante
Bruchauslösung Zusammentreffen von Kamm-und Querrissen an
                      der Freifläche

Mittiges Stirnplanfräsen

Werkstoff   41Cr4

Fräser   N

Schneidstoff HM P25

VM = 25   VM = 60
$v_c = 3{,}15\,m/s\,;\,l_{fz}=1{,}25m$

Bruchart   Teilweiser Bruch der Kolklippe
Bruchauslösung Mechanische Überlastung im Bereich KT_{max}

Schnittbedingungen:
$a_p = 3{,}0\,mm$ $a_e = 100{,}0\,mm$ $f_z = 0{,}63\,mm$

Bild 71: Bruchverlauf an HM-Werkzeugen

Der höhere Steigungswert der Verschleißkurven beim Werkstoff 41 Cr 4 macht sich naturgemäß auch in der VB = f(i)-
Darstellung bemerkbar (Bild 72). Auch hier zeigt sich analog zu den Ergebnissen bei St 52-3, daß der Freiflächenverschleiß nur bis zu Schnittgeschwindigkeiten $v_c \leq 2{,}0$ m/s
vorschubunabhängig ist. Bei $v_c > 2{,}0$ m/s zeigt sich auch
hier ein deutlicher Einfluß des Vorschubs auf den Freiflächenverschleiß der Hauptschneide.

Obwohl die MFE-Berechnungen (Kap. 3.2.1.4.2 und 3.2.1.4.3)
eine wesentlich höhere Belastung der Positiv- im Vergleich
zur Negativplatte im Bereich des Schneidkeils ergaben,

- 163 -

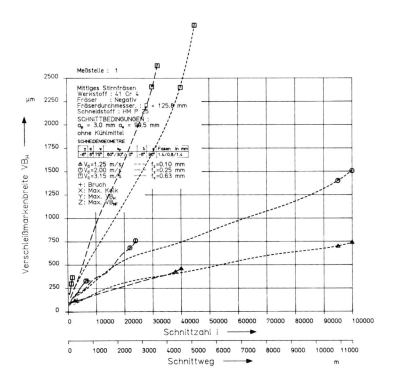

<u>Bild 72:</u> Freiflächenverschleiß der Hauptschneide

wirkt sich diese höhere mechanische Belastung auf das abrasive Verschleißverhalten nur bei niedrigen Schnittgeschwindigkeiten (v_c = 1,25 m/s) aus (Bild 73). Bei höheren Schnittgeschwindigkeiten (v_c ≥ 2,0 m/s) besitzt jedoch die Positiv-
Platte aufgrund der geringeren Temperaturbelastung ihrer
Spanfläche ein etwas günstigeres Freiflächenverschleißverhalten (Kap. 4.2.4.3 und 5.3).

Die dargestellten Gesetzmäßigkeiten abrasiven Verschleißwachstums an der Freifläche der Hauptschneide gelten sinngemäß auch für das Verschleißwachstum der Nebenschneide
(Bild 74 und 75).

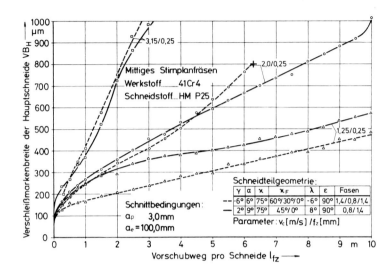

Bild 73: Vergleich des Verschleißwachstums beim Positiv- und Negativfräser

Unregelmäßigkeiten im Verschleißverhalten der Freifläche der Nebenschneide können sich allerdings dann ergeben, wenn der Fräser unregelmäßig nachschneidet, wodurch sich bei konstantem Vorschubweg/Zahn unterschiedliche effektive Reibwege ergeben.

Die Wirkung der untersuchten Einflußgrößen auf das abrasive Verschleißwachstum an den Freiflächen von Fräswerkzeugen kann wie folgt zusammengefaßt werden:

1. VB ist in bestimmten Schnittgeschwindigkeitsbereichen unabhängig vom Vorschub.

2. VB wächst mit zunehmender Härte des zu zerspanenden Werkstoffs.

3. VB wird kleiner mit steigender Härte des Schneidstoffs [52].

- 165 -

4. VB ist über die Spanflächentemperatur abhängig von der
Schnittgeschwindigkeit.

5. VB ist eine Funktion der Normalkraft auf die Verschleißfläche.

6. VB ist abhängig vom effektiven Reibweg.

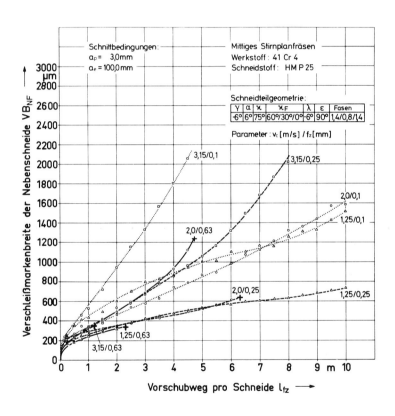

Bild 74: Freiflächenverschleiß der Nebenschneidenfase

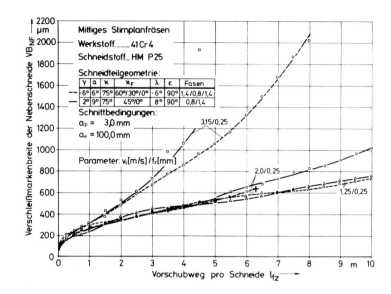

<u>Bild 75:</u> Vergleich des Verschleißwachstums beim Positiv-
und Negativfräser

Aufgrund dieser Abhängigkeiten kann ein Zusammenhang zwischen dem abrasiv bedingten Freiflächenverschleiß und den
relevanten Einflußgrößen wie folgt formuliert werden:

$$VB_i = f\left(HV_2^{n_{i1}}, v_c^{n_{i2}}, w^{n_{i3}}, F_{ni}^{n_{i4}}, \frac{1}{HV_1^{n_{i5}}}\right) \qquad (68)$$

mit HV_1 = Härte des Schneidstoffs

HV_2 = Härte des Werkstoffs

w = effektiver Reibweg

F_{ni} = Normalkraft auf der Freifläche i

i = H bzw. NF

Wird die Härte von Schneid- und Werkstoff als bekannt vorausgesetzt und nur in Schnittgeschwindigkeitsbereichen gearbeitet, in denen VB unabhängig vom Vorschub ist, so vereinfacht sich Abhängigkeit 68 unter Anwendung von 66 zu

$$VB_i = f\left(v_c^{n_{i2}}, \; l_{fz}^{n_{i3}}, \; \frac{1}{f_z}^{n_{i3}}\right) \tag{69}$$

bzw.

$$VB_i = f(v_c^{n_{i2}}, \; i^{n_{i3}}) \tag{70}$$

Sofern die mechanische Belastbarkeit der Schneidplatte nicht
überschritten wird, ist bei vorgegebener Standmenge der
Freiflächenverschleiß durch die Wahl niedriger Schnittgeschwindigkeiten und hoher Vorschübe zu minimieren.
Hierbei ist zu beachten, daß dieses Verschleißminimum nicht
mit dem Kostenminimum gleichzusetzen ist. Beide Minima treten nur in Sonderfällen bei den gleichen Schnittbedingungen
auf.

Eine weitere Möglichkeit, den Freiflächenverschleiß zu verringern, besteht nach Gleichung 68 darin, die Härte des
Schneidstoffes zu erhöhen. Da eine Härtezunahme bei Hartmetallen mit einem Zähigkeitsverlust erkauft werden muß,
sind dieser Maßnahme beim Fräsen allerdings enge Grenzen
gesetzt, wenn keine Beanspruchungsteilung durchgeführt wird,
wie es z.B. bei beschichteten HM-Platten der Fall ist.

4.2.2 Plastische Deformation

4.2.2.1 Grundlagen

Hinsichtlich des Aufbaus und Verformungsverhaltens des Hartmetalls bestehen derzeit in der Literatur noch große Mei-
nungsverschiedenheiten.

Frühere Überlegungen zum Aufbau der Hartmetalle gingen von
der Existenz eines durchgehenden WC-Gerüstes aus [142, 143].
Andere Autoren befürworten die Dispersionshärtungstheorie,
wonach jedes Karbidkorn mit einem dünnen Kobaltfilm umhüllt
ist. Nachdem das Vorhandensein von WC-WC-Korngrenzen nachgewiesen wurde [144], kann die tatsächliche Struktur als Kom-
promiß zwischen beiden Extremen angesehen werden [145]. Bei
hohen Bindergehalten sind im allgemeinen die WC-Körner in
der kobaltreichen Bindephase eingelagert. Bei abnehmendem
Binderanteil nehmen die WC-WC-Kontakte zu.

Es besteht nun bei einem derart heterogenen Werkstoff bei
plastischer Deformation die Frage, welcher Bestandteil -
Karbide oder Bindephase - plastisch verformt sind.

Burbach und Bock [146, 119] haben nachgewiesen, daß eine
deutlich meßbare plastische Deformation des Hartmetalls vor
Eintritt des Bruchs wahrgenommen wird, die auf die Binde-
und Karbidphase verteilt ist und mit steigendem Bindergehalt,
zunehmender Karbidkorngröße und Temperatur wächst. Dabei
fungiert die Karbidphase entsprechend ihrem höheren Elastizitätsmodul als Hauptträger der äußeren Belastung.

4.2.2.2 <u>Erscheinungsformen</u>

Es ist illusorisch, irgendwelche Meßgrößen für die makroskopische plastische Deformation eines HM-Werkzeugs angeben
zu wollen, da eine derartige Verformung des Schneidteils
unmittelbar nach ihrem Auftreten zum Bruch des Werkzeugs
führt.

Die plastische Deformation der Schneide trat bei den untersuchten Werkstoffen immer an der Stelle maximaler mechanischer Beanspruchung und nicht an der Stelle maximaler ther-
mischer Beanspruchung (Kolkmitte) auf (vergl. Kap. 3.2.1.4).
Die Bilder 49 und 76a zeigen plastisch verformte Bereiche
im Übergangsbereich von der 45°-Fase zur Nebenschneidenfase
der Negativplatte, d.h. genau in dem Bereich, in dem auch
anhand der MFE-Berechnungen maximale Spannungen ermittelt
wurden (Bild 48).
Aufgrund des deformierten Schneidteils wachsen die Schnitt-
normal- und die Passivkräfte sehr stark an. Dies führt zu
einer stark erhöhten Schubspannungsbeanspruchung im Schneidteil parallel zur Spanfläche. Das Werkzeug reagiert bei
plastischer Deformation der o.g. Bereiche immer mit einem
augenblicklichen, örtlich begrenzten Abplatzen der deformierten Schneidkante (Bild 76b) oder aber mit großflächigem
Abplatzen der gesamten Spanfläche (Bild 76c und d).

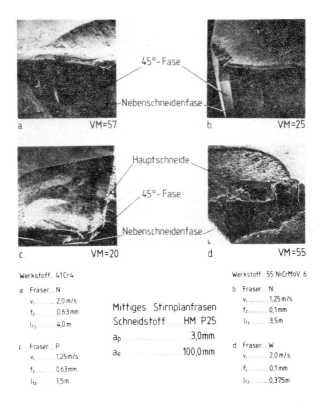

Bild 76: Plastische Deformation und dadurch hervorgerufene
Bruchformen am Schneidteil von HM-Fräswerkzeugen

4.2.3 Rißbildung

Im Gegensatz zum Drehen wird die Standzeit des Fräswerkzeuges häufig durch einen Bruch des Schneidteils beendet, der
sich fast immer auf die Schwächung des Werkzeugs durch Risse
zurückführen läßt, die sich annähernd senkrecht oder parallel
zur Schneidkante auf Span- und Freifläche ausbilden. Die Entstehung und Ausbreitung dieser Risse wird in der Literatur

[5, 33, 51, 53] auf die mechanische und thermische Wechsel-
belastung beim Fräsen zurückgeführt.

4.2.3.1 Grundlagen

Zur Kennzeichnung des Belastungszustandes eines hochfesten
und spröden Werkstoffes sind Werkstoffkenngrößen wie Zugfe-
stigkeit und Kerbschlagzähigkeit allein nur bedingt geeignet.
Das Versagen derartiger Werkstoffe erfolgt meist durch einen
verformungsarmen Bruch, wobei die erforderliche Energie zur
Erweiterung eines Anrisses relativ gering ist.
Üblicherweise unterscheidet man in der Bruchmechanik drei
Grundbeanspruchungsarten (Bild 77):
Normal-, Querschub- und Längsschubbeanspruchung, meist als
Modus I, II und III bezeichnet.

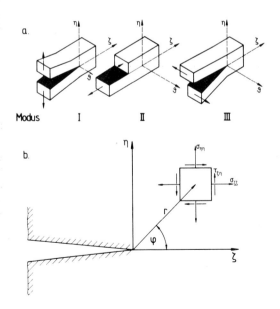

Bild 77: Beanspruchungsarten (a) und Spannungskomponenten
          (b) in der Nähe eines Anrisses

Für den technisch wichtigsten Fall einer Beanspruchung nach
Modus I lassen sich unter der Voraussetzung linear elasti-
schen Werkstoffverhaltens die Spannungen in der Nähe der
Rißspitze wie folgt beschreiben [147, 148]:

$$
\left\{
\begin{array}{c}
\sigma_{\zeta\zeta} \\[2ex]
\sigma_{\eta\eta} \\[2ex]
\tau_{\zeta\eta}
\end{array}
\right\}
=
\frac{\sigma_n \sqrt{\pi \cdot a}}{\sqrt{2\pi \cdot r}} \cdot \cos\frac{\varphi}{2}
\left\{
\begin{array}{cr}
1 - \sin\frac{\varphi}{2} \cdot \sin\frac{3\varphi}{2} & \quad (71) \\[2ex]
1 + \sin\frac{\varphi}{2} \cdot \sin\frac{3\varphi}{2} & \quad (72) \\[2ex]
\sin\frac{\varphi}{2} \cdot \cos\frac{3\varphi}{2} & \quad (73)
\end{array}
\right\}
$$

Die Spannungen im Werkstoff nehmen mit wachsendem Abstand
von der Rißspitze mit $1/\sqrt{r}$ ab. Andererseits wachsen die Spannungen in unmittelbarer Nähe der Rißspitze ($r \to 0$) ins Un-
endliche. Derart hohe Spannungen werden bei einem realen
Werkstoff durch plastische Deformation im Kerbgrund abge-
baut, womit allerdings die Voraussetzungen für die Gleichungen 71, 72, 73 verletzt sind. Nach Kerkhof [149] liefern obige Gleichungen ausreichend genaue Spannungswerte für den Bereich:

$$
r > 15 \cdot r_K \qquad\qquad (74)
$$

Sämtliche Spannungen sind dem Term

$$
K = \sigma_n \sqrt{\pi \cdot a} \qquad\qquad (75)
$$

direkt proportional. K wird als Spannungsintensitätsfaktor
bezeichnet und ist ausschließlich eine Funktion der äußeren
Last sowie der Rißgeometrie.

Versuche haben gezeigt [99], daß spontaner Bruch mit großer
Rißausbreitungsgeschwindigkeit, d.h. überkritisches Rißwachstum, einsetzt, sobald

$$K \geq K_c \qquad (76)$$

gilt.

K_c wird als Riß- oder Bruchzähigkeit bezeichnet und charakterisiert den Widerstand eines Werkstoffes gegen Rißerweiterung bei entsprechendem Belastungsfall.

Analog zu der durch äußere Kräfte beanspruchten Probe können bei einer durch thermisch bedingte Spannungen belasteten Platte Spannungsintensitätsfaktoren bestimmt werden. Da es jedoch hier nicht möglich ist, die Orts- und Zeitabhängigkeit der Spannungen in der Platte aus der Rißkonfiguration und den thermischen Rand- und Anfangsbedingungen zu bestimmen, wird nach einem Verfahren vorgegangen, das als "Superpositionsmethode zur Bestimmung von K-Faktoren" bekannt ist [124]. Dieses Verfahren gestattet es, K-Faktoren einer temperaturspannungsbelasteten Platte zu berechnen, wenn die Spannungsverteilung in der Platte ohne Riß bekannt ist.

Nach Blanel [124] ergibt sich für die "halbunendliche Platte" mit einem Randriß der Länge a (Bild 78) unter Zugspannungsbelastung $\sigma_\eta(\zeta, t = \text{const.})$ nach Modus I:

$$K_I = 1{,}12 \cdot \frac{2\sqrt{a}}{\sqrt{\pi}} \cdot \int_0^a \frac{\sigma_\eta(\zeta)}{\sqrt{a^2 - \zeta^2}} \cdot d\zeta \qquad (77)$$

Der Randkorrekturfaktor 1,12 wurde von Irwin [147] für kleine Rißlängen abgeschätzt und wurde von Koiter [150] rechnerisch bestätigt für den Gültigkeitsbereich $a < 0{,}2 \cdot b$.

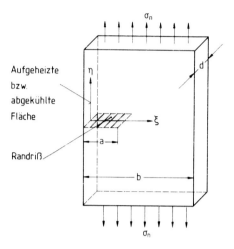

Bild 78: Lage des Koordinatensystems zur Berechnung der
K-Faktoren

4.2.3.2 Berechnungsmöglichkeiten

Werden die Grundbeanspruchungsarten, die zur Rißbildung führen können, den in Kap. 3.2 rechnerisch ermittelten mechanischen und thermischen Spannungen gegenübergestellt, so
zeigt sich, daß lediglich durch Abkühlen des Werkzeugs nach
dem Austritt Spannungen induziert werden können, die zur
Rißbildung senkrecht zur Spanfläche führen.

Werden für diese Abkühlphase die Spannungsintensitätsfaktoren nach Gleichung 77 berechnet und über der Plattendicke
aufgetragen, so lassen sich über die Lage der Bereiche von
unter- bzw. überkritischem Rißwachstum relativ genaue Aussagen machen.

Bild 79 zeigt den Verlauf des K-Faktors in spanflächennahen

Bereichen bei Abkühlung an Luft. Der örtliche Spannungsintensitätsfaktor K_I nimmt im Bereich 0,1 mm < ς < 0,85 mm höhere Werte an als die Rißzähigkeit.

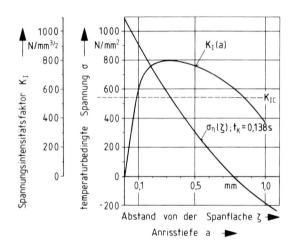

Mittiges Stirnplanfräsen

		Schnittbedingungen:	
Werkstoff	55 NiCrMoV 6	v_c	2,0 m/s
Fräser	N	a_p	3,0 mm
Schneidstoff	HM P25	a_e	100,0 mm
		f_z	0,63 mm

Abkühlung in Luft Θ = 390 °C

Bild 79: K-Faktoren als Funktion der Anrißtiefe beim Abkühlen in Luft

Berücksichtigt man noch die Temperaturabhängigkeit der Rißzähigkeit, so kann über die Wahrscheinlichkeit der Rißausbildung unter dem gegebenen Spannungsverlauf folgende Aussage getroffen werden:

Liegt in der Spanfläche dieser Wendeschneidplatte ein Oberflächendefekt (Pore oder Kerbe) vor, der tiefer als 0,1 mm ist, so wächst der Riß solange ins Platteninnere, bis

$K_I < K_{Ic}$ ist, d.h. im vorliegenden Fall bis zu einer Tiefe von ca. 0,85 mm.

Wird die temperaturbedingte Spannung in den Randschichten erhöht, z.B. durch Kühlmittelzugabe, so tritt schon bei wesentlich kleineren Oberflächendefekten überkritisches Rißwachstum auf (Bild 80).

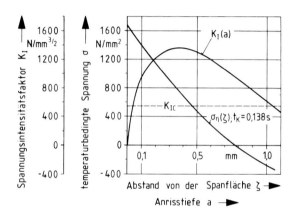

Mittiges Stirnplanfräsen
Werkstoff........55 NiCrMoV 6
Fräser................N
Schneidstoff........HM P25

Schnittbedingungen:
v_c .... 2,0 m/s
a_p .... 3,0 mm
a_e .... 100,0 mm
f_z .... 0,63 mm
Abkühlung in Wasser
$\theta_0 = 20\,°C$

Bild 80: K-Faktoren als Funktion der Anrißtiefe beim Abkühlen im Wasser.

Der Riß wird bis zu einer Tiefe von > 1 mm wachsen und sich dabei sogar in Bereiche hinein ausdehnen, die ohne Riß druckspannungsbeaufschlagt wären.

Auf der anderen Seite kann durch Heizen des Werkzeugs nach
dem Austritt der Temperatursprung so verringert werden, daß
ein temperaturbedingtes Rißwachstum auch bei großen Anrissen nicht mehr möglich ist (Bild 81):

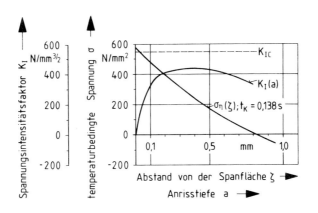

Mittiges Stirnplanfräsen
Werkstoff............55 NiCrMoV 6
Fräser................N
Schneidstoff.......HM P25

Schnittbedingungen:
v_c............ 2,0 m/s
a_p............ 3,0 mm
a_e............100,0 mm
f_z............ 0,63 mm
Abkühlung in Luft
$\theta_0 = 720\,°C$

<u>Bild 81:</u> K-Faktor als Funktion der Anrißtiefe beim
        Abkühlen in Luft

4.2.3.3 Rißverlauf

4.2.3.3.1 Kammrisse

Um die theoretischen Ergebnisse zum Rißwachstum in HM-Wendeschneidplatten an verschlissenen Platten zu überprüfen, muß
die geometrische Lage der Risse meßbar sein.
Die in der zerstörungsfreien Werkstoffprüfung derzeit bekannten Verfahren der Rißausbreitungsmessung [151] sind für
die vorliegende Aufgabenstellung ungeeignet, da mit ihnen
ein genaues Erfassen der Rißgeometrie nicht möglich ist.
Im vorliegenden Fall wurden deshalb die Wendeschneidplatten
parallel zur Spanfläche schichtweise abgeschliffen und der
Rißverlauf auf optischem Weg vermessen. Auf diese Weise war
es möglich, ein 3-dimensionales Bild des Rißverlaufs zu er-
stellen.
In Bild 82 ist aus Gründen besserer Übersichtlichkeit nur
der Verlauf von zwei Kammrissen im Bereich der Hauptschneidenfase dargestellt.
Aufgrund dieser Untersuchungen läßt sich über die Kammrißbildung folgendes aussagen:

Die Kammrisse richten sich bei den vorliegenden Werkzeug-
winkeln etwa senkrecht zur Hauptschneidenfase aus, wobei sie
sich über den Kolkbereich hinaus in das unverschlissene HM-
Gefüge erstrecken können (Bild 83). Bei diesen Untersuchungen wurde kein Kammriß gefunden, der nicht schon auf der
Spanfläche ($z = 4,8$ mm) zu sehen gewesen wäre. Das heißt,
die Theorie von Andreev [152], wonach Kammrisse unterhalb
der Spanfläche ($z < 4,8$ mm) entstehen und erst in einem
späteren Wachstumsstadium auf der Spanfläche in Erscheinung
treten, konnte weder durch die Rechnung noch durch das Ex-
periment bestätigt werden. Der Entstehungsort sämtlicher
Kammrisse lag bei den vorliegenden Untersuchungen eindeutig
auf der Spanfläche. Erst in einem relativ späten Stadium
erreichen die Risse die Freifläche.

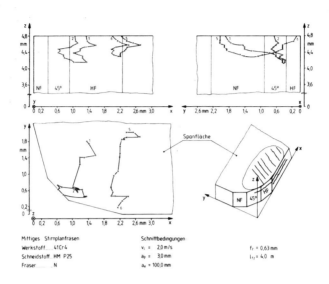

Bild 82: Kammrißverlauf im Schneidteil eines Fräswerkzeuges

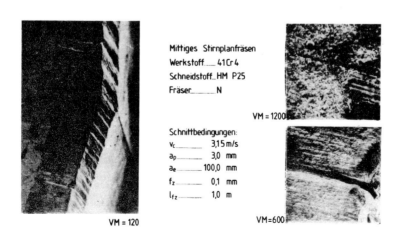

Bild 83: Schneidkante einer HM-Wendeschneidplatte mit Kammrissen

Die Tiefe der Risse stimmt mit 0,7 mm recht gut mit der rechnerisch ermittelten Rißtiefe überein.

Auffallend sind die starken Änderungen des Rißverlaufs bei Projektion in die xz-Ebene, die durch den heterogenen Gefügeaufbau des Hartmetalls, durch eine Änderung des Spannungsverlaufs im Platteninneren und durch impulsartige Spannungsstöße, wie sie beim Ein- und Austritt des Werkzeugs auftreten, zu erklären sind [149].

Hat sich ein Kammriß auf der Spanfläche gebildet, so sind seine Ränder einem verstärkten abrasiven Verschleißangriff ausgesetzt. Der Riß wird v-förmig aufgeweitet und mit Werkstoff aufgefüllt (Bild 83, 84). Dieser mit sehr hohem Druck in den Kammriß gepreßte Werkstoff übt eine Sprengwirkung auf die Schneidplatte aus. Inwieweit dieser Mechanismus allerdings das Wachstum der Kammrisse fördert und Plattenbrüche initialisiert, kann anhand der vorliegenden Ergebnisse nicht nachgewiesen werden.

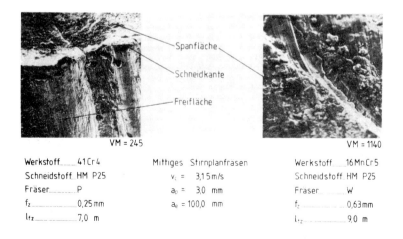

VM = 245   VM = 1140

Werkstoff	41 Cr 4	Mittiges Stirnplanfräsen		Werkstoff	16 MnCr5
Schneidstoff	HM P25	v_c =	3,15 m/s	Schneidstoff	HM P25
Fräser	P	a_p =	3,0 mm	Fräser	W
f_z	0,25 mm	a_e =	100,0 mm	f_z	0,63 mm
l_{fz}	7,0 m			l_{fz}	9,0 m

Bild 84:   Kammrisse auf Span- und Freifläche

Die Kammrißbildung schwächt zwar den Schneidteil des Werk-

zeugs, da aber während der Spanabnahme die thermisch induzierten Spannungen den Riß in spanflächennahen Bereichen re-
gelrecht zudrücken und die maximale mechanische Spannung
nicht senkrecht zur Trennfläche wirkt, besteht im Vorschub-
bereich $f_z < 0{,}4$ mm keine direkte Bruchgefahr für die Platte,
solange nur Kammrisse auftreten.

4.2.3.3.2 Querrisse auf der Spanfläche

Der temperaturbeaufschlagte Bereich der Spanfläche kann in
erster Näherung als identisch mit der Spanflächenkontaktzone
angenommen werden. Das Seitenverhältnis dieses Bereichs
KL_γ/b bewegt sich beim Fräsen unter den üblichen Schnittbedingungen in den Grenzen 1:2 bis 1:20.
Die temperaturbedingten Spannungen sind demnach in Richtung
der Schneidkante wesentlich größer als senkrecht dazu.
Wird die Temperaturwechselbelastung des Schneidteils stark
erhöht, so muß allerdings auch mit temperaturbedingten Rissen
parallel zur Schneidkante gerechnet werden. Treffen derartige
Querrisse mit Kammrissen zusammen, so kommt es zum augenblicklichen Erliegen des Schneidteils durch Bruch (Bild 85).

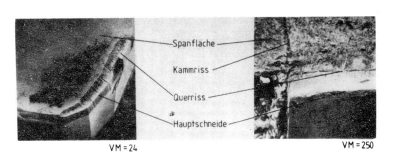

VM = 24   VM = 250

Mittiges Stirnplanfräsen	Schnittbedingungen:		
Werkstoff........55 NiCrMoV 6	v_c =	1,25 m/s	f_z = 0,16 mm
Schneidstoff....HM P25	a_p =	3,0 mm	l_{fz} = 3,5 m
Fräser..............N	a_e =	100,0 mm	

Bild 85:   Kamm- und Querrisse auf der Spanfläche

4.2.3.3.3 Querrisse auf der Freifläche

Bei hoher Belastung des Fräswerkzeugs durch die Zerspankraftkomponenten und nach ca. $30 \cdot 10^4$ Lastwechseln bilden
sich auf der Freifläche Risse, die sich eindeutig auf die
Druckschwellbelastung des Schneidkeils zurückführen lassen
(Bild 86).

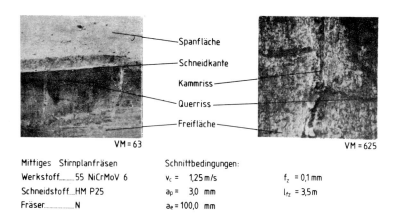

VM = 63	VM = 625

Mittiges Stirnplanfräsen   Schnittbedingungen:
Werkstoff........55 NiCrMoV 6 v_c = 1,25 m/s f_z = 0,1 mm
Schneidstoff...HM P25 a_p = 3,0 mm l_{fz} = 3,5 m
Fräser................N a_e = 100,0 mm

Bild 86: Kamm- und Querrisse auf der Freifläche

Während Kamm- und Querrisse auf der Spanfläche eindeutig
thermischen Ursprungs sind, können die Querrisse der Freifläche auf mechanisch bedingte Materialermüdung zurückgeführt werden, da die Temperaturwechsel an der Freifläche
nicht so groß sind, daß sie überkritisches Rißwachstum aus-
lösen können.

Die Einflüsse der Randbedingungen auf die Querrißbildung
an der Freifläche wurden von Opitz, Lehwald und Neumann [52]
hinreichend untersucht.

4.2.3.3.4 Verschleißformen beim Einsatz von Kühlschmiermitteln

Der Einsatz von Kühlschmiermitteln erhöht zwar bei allen
Zerspanungsvorgängen durch Verringerung der Umformtemperatur
die Zerspankraftkomponenten (siehe Kap. 3.1.2.7), diese Erhöhung der mechanischen Belastung des Schneidteils hätte
allein noch keinen wesentlichen Einfluß auf eine Standzeit-
änderung im Vergleich zum Trockenschnitt.
Die durch die schroffe Abkühlung hervorgerufenen Temperatur-
gradienten bedingen in den oberflächennahen Schichten einen
Spannungszustand, der

• betragsmäßig sehr hohe Werte erreicht

  und

• zu einer für HM äußerst ungünstigen Zugspannungsbelastung führt.

Die Berechnung der Temperaturspannungen in Kap. 3.2.2.3 ergab, daß sich bei Abkühlung unter Kühlschmiermittelzugabe in
den oberflächennahen Schichten Spannungen ausbilden, die bis
in den Bereich der Zugfestigkeit der verwendeten Hartmetallsorte ansteigen.
Die Berechnung des örtlichen K_I-Faktors in Kap. 4.2.3.1 ergab ferner, daß unter diesen Belastungsverhältnissen mit
einem überkritischen Rißwachstum gerechnet werden muß, wenn
Oberflächendefekte mit einer Tiefe > 0,05 mm vorhanden sind
(Bild 80).

Unter einer derart extremen Beanspruchung reagiert das HM-
Werkzeug mit einer typischen Verschleißform (Bild 87; 88):

Beim Einsatz von Kühlschmiermitteln wird die Schneidkante innerhalb kurzer Zeit von einem Netz von Rissen überzogen, das
zu Ausbröckelungen entlang des gesamten Hauptschneidenbe-
reichs führt (Bild 87). Diese Schneidkantenverrundung zieht

eine erhebliche Zerspankrafterhöhung nach sich, die in kurzer
Zeit zu einem Ausbruch führt, der dann das Standzeitende des
Werkzeugs bedeutet.

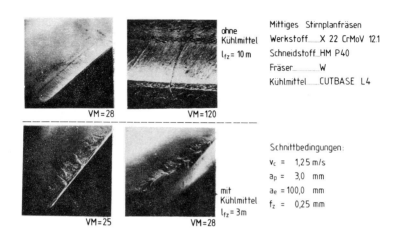

Bild 87: Verschleißformen beim Fräsen mit und ohne
Kühlschmiermittel

Die obere Reihe des Bildes 87 zeigt den Schneidteil einer
HM-Wendeschneidplatte, der im Trockenschnitt bei sonst absolut gleichen Schnittbedingungen bis zu einem Standweg von
10 m eingesetzt wurde. Die Spanfläche dieser Platte zeigt
einen regelmäßigen, glatten Kolkverschleiß. Die Schneidkante
weist keinerlei Ausbrüche auf. Die Platte hat bei diesem Vorschubweg lediglich einen einzigen Kammriß, der das Standver-
mögen bei den vorliegenden Schnittbedingungen nicht beein-
trächtigt.
Bild 88 zeigt, daß auch Bereiche der Freifläche mit einem
Netz von kleinen Rissen überzogen sind. Deutlich zu sehen
ist wieder die durch Ausbröckelungen hervorgerufene starke
Schneidkantenverrundung, die eine hohe Beanspruchung der
Schneidkante durch Schubspannungen parallel zur Spanfläche
bedingt. Diese Beanspruchung führt dann nach einem Vorschubweg

von 2 m zu dem charakteristischen Abplatzen eines Teils der
Spanfläche.

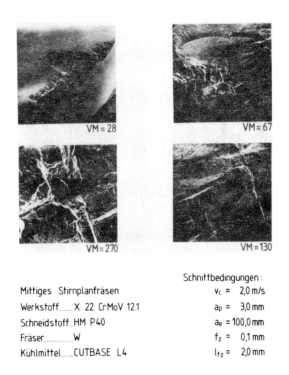

Mittiges Stirnplanfräsen	Schnittbedingungen:
	v_c = 2,0 m/s
Werkstoff____X 22 CrMoV 12.1	a_p = 3,0 mm
Schneidstoff__HM P40	a_e = 100,0 mm
Fräser_____W	f_z = 0,1 mm
Kühlmittel____CUTBASE L4	l_{fz} = 2,0 mm

Bild 88: Verschleißformen beim Fräsen mit Kühlschmiermittel

Bei allen Vergleichsuntersuchungen führte die Zufuhr von
Kühlschmiermittel zu einer erheblichen Standwegreduzierung,
teilweise sogar bis zu 75 % (Bild 89). Vor dem Einsatz von
Kühlschmiermitteln beim Fräsen sollte deshalb sehr sorgfäl-
tig geprüft werden, ob mit einer Standzeitverbesserung zu
rechnen ist. Positive Erfahrungen beim Drehen eines Werkstoffs mit einem HM-Werkzeug und Kühlschmiermittelzufuhr
können aufgrund der speziellen Eigenschaften des Fräsprozesses nicht einfach auf diesen übertragen werden.

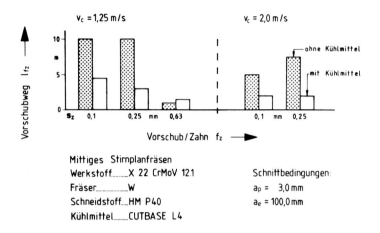

Bild 89: Standwege beim Fräsen mit und ohne Kühlschmiermittel

4.2.4 Diffusion

4.2.4.1 Grundlagen

Der im allgemeinen als Diffusionsverschleiß bezeichnete Kolk-
verschleiß eines Zerspanungswerkzeuges ist genaugenommen das
Ergebnis von drei verschiedenen Verschleißmechanismen
(Bild 90).

Während der Spanflächenverschleiß bei HSS-Werkzeugen kaum
auf die Wirkung von Diffusionsvorgängen zurückzuführen ist,
HSS-Werkzeuge erliegen bereits bei Spanflächentemperaturen
von ca. 600° C durch plastische Deformation des Schneidkeils
(Blankbremsen), sind bei der Zerspanung von Stahl mit HM-
Werkzeugen alle Randbedingungen gegeben, die zum Ablauf von
Diffusionsvorgängen notwendig sind:

• hohe Kontaktzonentemperatur

- große Kontaktfläche und möglichst lange
  Kontaktzeit

- Konzentrationsgefälle

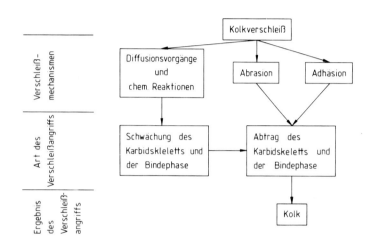

<u>Bild 90:</u> Schematische Darstellung der am Kolkverschleiß
beteiligten Mechanismen

Durch die hohe Kontaktzonentemperatur wird den Atomen Energie in Form von Wärme zugeführt, die sich in einer wachsen-
den kinetischen Energie bemerkbar macht. Wird eine bestimmte, elementabhängige Aktivierungsenergie überschritten, so
kommt es zu Platzwechselvorgängen innerhalb des Gitters, die
als Diffusion bezeichnet werden und in Richtung des Konzen-
trationsgefälles ablaufen. Damit Diffusionsvorgänge zwischen
Span und Werkzeug überhaupt ablaufen können, müssen beide
Partner in einen intensiven Kontakt gebracht werden. Das in
der Tribologie oftmals zitierte Punktkontaktmodell [33]
reicht hierzu nicht aus.
Grundlegende Untersuchungen von Opitz, König et.al. [153, 9,
130] über die Vorgänge in der Kontaktzone von Span und Werkzeug ergaben, daß in diesem Bereich mit einer hochviskosen

Fließschicht gerechnet werden muß, deren Geschwindigkeitsprofil von der Spanablaufgeschwindigkeit $v = v_1$ linear bis $v = 0$ abnimmt. Diese Tatsache ermöglicht einerseits eine große Kontaktfläche und andererseits steht die für den Ablauf von Diffusionsvorgängen benötigte Kontaktzeit zur Verfügung.

Werden mit HM-Werkzeugen Stahlwerkstoffe zerspant, so liegt ein wechselseitiges Konzentrationsgefälle für die Elemente Fe; C und Co vor, das die treibende Kraft für den Beginn und den Ablauf der Diffusionsvorgänge darstellt.

Sind die beschriebenen Voraussetzungen erfüllt, können die in Bild 90 schematisch dargestellten Vorgänge ablaufen:

1. Diffusion von Fe in die Co-Bindephase
   Diese bewirkt:

   a) Bildung von Fe-Mischkarbiden.
   b) Erhöhung der Aufnahmefähigkeit des Co für C

   Ergebnis: Schwächung des WC-Skeletts.

2. Diffusion von Co in Stahl
   Diese bewirkt:

   Bildung einer Fe-Co-Mischkristallreihe

   Ergebnis: Schwächung der Bindephase

3. Diffusion von C in den Stahl
   Diese bewirkt:

   Bildung gesättigter Fe-C-Mischkristalle im Span

   Ergebnis: Schwächung des WC-Skeletts

Die beim Diffusionsvorgang zwischen HM und Stahl ablaufenden komplexen chemischen Reaktionen können, soweit sie bis heute bekannt sind, der Literatur [43, 48, 49, 50, 154] entnommen werden.
Es kann als gesichert angesehen werden, daß der Verschleiß

durch diffusionsbedingten Materialverlust als vernachlässigbar gering angesehen werden kann. Vielmehr liegt die Bedeutung der Diffusion beim Spanflächenverschleiß in der Schwächung des WC-Skeletts sowie der Co-Bindephase in den oberflächennahen Schichten.
Der eigentliche Materialtransport aus diesen geschwächten
Oberflächenschichten wird mittels abrasiver und adhäsiver
Verschleißmechanismen durchgeführt.

Dieses Zusammenwirken von drei Verschleißmechanismen ent-
zieht den Spanflächenverschleiß beim derzeitigen Stand der
Erkenntnisse einer strukturbeschreibenden Darstellung als
Funktion der Eingangsgrößen.

4.2.4.2 Meßstellen

Zur Vermessung des Spanflächenverschleißes wurden die in
Bild 12 festgelegten Meßstellen (13) - (15) herangezogen.
Da die Ausdehnung des Kolkes parallel zur Hauptschneide aufgrund der Spanstauchung größer als die Spanungsbreite b ist,
sind die Maximalwerte des Kolkes etwas außermittig, im Be-
teich der Meßstelle (15) zu erwarten.
Die Meßergebnisse bestätigen diese Vermutung (Bild 91). Es
zeigt sich, daß eine qualitative Aussage bezüglich der Abhängigkeit des Kolkverschleißes vom Vorschubweg aufgrund der
Ergebnisse aller 3 Meßstellen getroffen werden kann. Da jedoch das Versagen der Schneide durch Bruch an der Stelle
KT_{max} (siehe Kap. 3.2.1.4.3) auftreten wird, wurde unter den
nachfolgend beschriebenen Ergebnissen der Meßstelle (15)
besondere Aufmerksamkeit geschenkt.

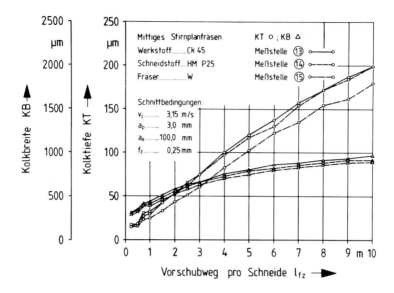

Bild 91: Vergleich der Aussagefähigkeit unterschiedlicher
Kolkmeßstellen

4.2.4.3 Kolkverschleiß

Wird der Kolkverschleiß, analog zur Vorgehensweise beim Freiflächenverschleiß, über dem Vorschubweg pro Schneide aufgetragen, so ergibt sich eine fast lineare Abhängigkeit
(Bild 92) für die Kolktiefe und ein degressiv ansteigender
Parabelast für die Kolkbreite (Bild 93).
Kolktiefe und Kolkbreite wachsen mit größer werdender
Schnittgeschwindigkeit und größer werdendem Vorschub, da beide Größen die Spanflächentemperatur beeinflussen. Eine Darstellung über dem effektiven Reibweg bzw. der Schnittzahl
wird deshalb zu keiner Einflußgrößenreduzierung führen, wie
dies beim Freiflächenverschleiß möglich ist.
Werden die Anstiegswerte der KT- bzw. KB-Funktionen im

- 191 -

Intervall 1 m ≤ l_{fz} ≤ $l_{fz\ max}$ bestimmt, so zeigt sich, daß
die Kolkbreite um den Faktor 2,5 mal schneller wächst als
die Kolktiefe.

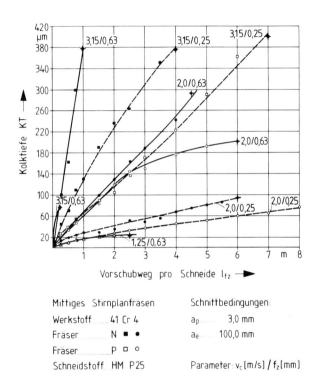

Bild 92: Kolktiefe bei unterschiedlichen Schneidteilgeometrien

Werden negative und positive Schneidteilgeometrien miteinander verglichen, so ergibt sich eine eindeutige Überlegenheit
der Positiv-Platte im Hinblick auf das Kolkverschleißverhalten. Bei fast allen v_c/f_z-Kombinationen, bei denen eindeutig
meßbarer Kolkverschleiß auftrat, zeichnet sich die Positiv-
Platte durch eine wesentlich geringere Kolktiefe und eine
höhere Standlänge aus.

Dieses Verhalten ist mit der geringeren Spanstauchung, die
die positive Schneidteilgeometrie zur Folge hat, und der damit verbundenen geringeren Temperaturbelastung des Schneidteils zu erklären.
Dieses günstige Kolkverschleißverhalten der Positiv-Platte
kommt im Hinblick auf den mechanisch hochbelasteten Schneidteil dieses Plattentyps nur dann zum Tragen, wenn der Kolk
langsam wächst und der Schneidteil durch den Freiflächenverschleiß stabilisiert werden kann (siehe Kap. 3.2.1.4.3).

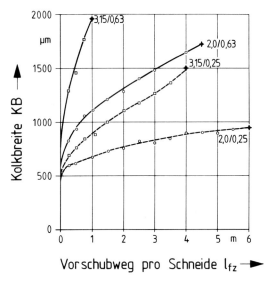

Mittiges Stirnplanfräsen	Schnittbedingungen:
Werkstoff 41 Cr 4	a_p 3,0 mm
Fräser N	a_e 100,0 mm
Schneidstoff HM P25	Parameter v_c [m/s] / f_z [mm]

Bild 93: Kolkbreite als Funktion des Vorschubwegs pro
Schneide

5. VERSCHLEISSMODELL

Zur Berechnung der Fertigungshauptzeiten sowie der Ferti-
gungskosten wäre es wünschenswert, ein analytisches Modell
des Verschleißprozesses beim Zerspanungsvorgang anwenden
zu können.
Die in Kapitel 4 dargestellten Ergebnisse der Verschleißuntersuchungen haben gezeigt, daß eine den jeweiligen Verschleiß charakterisierende Größe allenfalls bei rein abra-
sivem Verschleißverhalten in Abhängigkeit von den Eingangsgrößen darzustellen ist.
Die Wirkung sämtlicher anderer Verschleißmechanismen eines
Zerspanungsvorganges ist beim derzeitigen Stand der Erkenntnisse in Abhängigkeit der Eingangsgrößen nicht funk-
tional darstellbar. Erschwerend kommt bei Zerspanungspro-
zessen noch hinzu, daß meist mehrere Verschleißmechanismen
gleichzeitig wirksam sind, die sich dann gegenseitig beeinflussen.

Das bedeutet, daß die zur Modellbildung des Verschleißwachstums beim Fräsen notwendige physikalisch richtige Beschreibung des Prozesses exakt nicht darstellbar ist, sondern angenähert werden muß.

- 194 -

5.1 <u>Analytische Beschreibungsmöglichkeiten von Verschleißvorgängen</u>

Ziel eines jeden Verschleißmodells für Zerspanungsvorgänge muß es sein, die interessierenden Standgrößen in Abhängigkeit der Eingangsgrößen darzustellen. Unter diesem Gesichtspunkt lassen sich die bisher veröffentlichten Verschleißmodelle in zwei Gruppen einteilen:

1. Beschreibung des Standzeitverhaltens in Abhängigkeit der Eingangsgrößen

2. Beschreibung der Abhängigkeit bestimmter Verschleißmeßgrößen von den Eingangsgrößen. Für VB bzw. KT = const. ergibt sich dann die gesuchte Standzeit.

Der Nachteil beider Verfahren besteht darin, daß durch die notwendige Wahl einer Regressionsfunktion die darstellbare Kurvenform von vornherein in relativ engen Grenzen festgelegt wird.
Um die physikalisch exakte Beschreibung des Verschleißprozesses überhaupt annähern zu können, sollte bei der Entwicklung eines Verschleißmodells der Beschreibung der Verschleißmeßgrößen in Abhängigkeit von den Eingangsgrößen vor den abgeleiteten Standgrößen der Vorrang gegeben werden.

5.2 Entwicklung eines Modells zur Beschreibung des
     Freiflächenverschleißes beim Fräsen

Die Verschleißuntersuchungen beim Fräsen zeigten, daß der
Freiflächenverschleiß in Abhängigkeit vom Vorschubweg sich
immer in Form der in Bild 94 dargestellten, für abrasives
Verschleißverhalten charakteristischen [141] s-förmigen
Ausgleichskurve darstellen läßt.

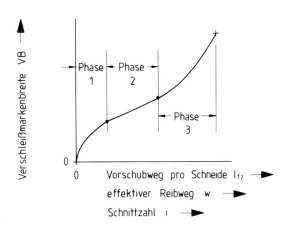

Bild 94: Charakteristische Form einer Verschleißkurve
         bei vorwiegend abrasiver Verschleißwirkung

Aufgrund dieser Tatsache lassen sich für die Wahl der Regressionsfunktion die folgenden Restriktionen einführen:

1. Die gesuchte VB-Funktion muß durch den Nullpunkt
   gehen.

$$VB(l_{fz} = 0) = 0 \qquad (78)$$

2. Der Verschleißzuwachs ist für alle Werte von l_{fz} immer > 0.
   Die Kurve ist demnach streng monoton steigend.
   Für $l_{fz2} > l_{fz1}$ gilt

$$VB(l_{fz2}) > VB(l_{fz1}) \qquad (79)$$

3. Die Funktion darf sich im Gültigkeitsbereich keiner horizontalen Asymptote nähern.

4. Aufgrund der Ergebnisse aus Kap. 4.2.1.1 und 4.2.1.3 sind für den Verschleiß in Phase 1 zwei Ursachen maßgebend:

   a) Reiner Gleitverschleiß, der mit Abhängigkeit 68 beschrieben werden kann.
   Demnach gilt:

$$\frac{dVB}{dl_{fz}} \sim \frac{HV_2^{n_{i1}} \cdot v_c^{n_{i2}} \cdot F_{ni}^{n_{i4}}}{HV_1^{n_{i5}}} > 0 \qquad (80)$$

   b) Ausbrechen freiliegender Karbidkörner im Bereich der schleifscharfen Schneidkante.
   Die Berechnungen in Kap. 3.2.1 ergaben, daß das schleifscharfe Werkzeug einer wesentlich höheren Beanspruchung im Schneidkeil ausgesetzt ist, als das arbeitsscharfe Werkzeug.

$$\frac{dVB}{dl_{fz}} \sim \frac{d\sigma_v}{dl_{fz}} < 0 \qquad (81)$$

5. Aufgrund regenerativer Effekte muß eine proportionale Abhängigkeit der Temperatur von der Verschleißänderung angenommen werden:

$$\Theta \sim \frac{dVB}{dl_{fz}}$$

Die Differentiation nach dem Vorschubweg ergibt:

$$\frac{d\Theta}{dl_{fz}} \sim \frac{d}{dl_{fz}} \left(\frac{dVB}{dl_{fz}} \right) = \frac{d^2VB}{dl_{fz}^2} \tag{82}$$

Der Freiflächenverschleiß, charakterisiert durch VB, kann demnach durch Superposition der in Punkt 4 und 5 beschriebenen Abhängigkeiten dargestellt werden:

$$VB = \frac{1}{P2 \cdot P3} \cdot \frac{d^2VB}{dl_{fz}^2} - \frac{1}{P3} \cdot \frac{dVB}{dl_{fz}} + \frac{1}{P2} \cdot \frac{dVB}{dl_{fz}} \tag{83}$$

oder

$$0 = \frac{d^2VB}{dl_{fz}^2} - P2 \cdot \frac{dVB}{dl_{fz}} + P3 \cdot \frac{dVB}{dl_{fz}} - P2 \cdot P3 \cdot VB \tag{84}$$

Es handelt sich hierbei um eine lineare, homogene Differentialgleichung zweiter Ordnung, die mit dem Ansatz $VB = e^{l_{fz}}$ gelöst werden kann [155]. Unter Anwendung der Randbedingung 1 ergibt sich die vollständige Lösung von Gleichung 84 zu

$$VB = P1 \, (e^{P2 \cdot l_{fz}} - e^{-P3 \cdot l_{fz}}) \tag{85}$$

Eine dimensionsrichtige Lösung ergibt sich, wenn P2 und P3 die Dimension m^{-1} haben, während P1 die Dimension µm haben muß.
Die Verschleißfunktion genügt in der dargestellten Form den Randbedingungen 2 und 3.
P1, P2 und P3 sind Parameter, die im allgemeinen von v_c und f_z abhängen. Diese Abhängigkeit von zwei Variablen erschwert die Anpassung der Parameter an die Versuchswerte.
Die Ergebnisse der Verschleißuntersuchungen in Kap. 4.2.1

zeigten, daß der Freiflächenverschleiß bei Darstellung über
der Schnittzahl i in weiten Bereichen unabhängig von f_z ist.
Die Randbedingungen 1 - 5, die zur Aufstellung der Differen-
tialgleichung 84 führten, gelten sinngemäß auch für die
VB = f(i)-Darstellung.
Für diese Darstellungsart lautet Gleichung 85:

$$VB = P1^* \cdot (e^{P2^* \cdot i} - e^{-P3^* \cdot i}) \qquad (86)$$

Hierin hat $P1^*$ die Dimension µm, während $P2^*$ und $P3^*$ dimen-
sionslos sind. Bild 95 zeigt, wie sich die Variation der
einzelnen Parameter auf die Kurvenform auswirkt.

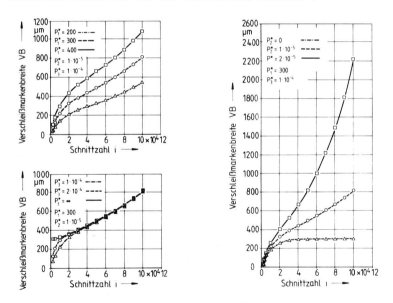

Bild 95: Beeinflussung der Verschleißkurven durch Variation
der Parameter

Während $P1^*$ als Maß für die Höhe des Anfangsverschleißes in
Phase 1 angesehen werden kann, beeinflußt $P3^*$ die Krümmung
der Kurve in diesem Bereich.
$P2^*$ wirkt sich stark auf den Krümmungsradius und die Steigung der Kurve in Phase 2 und 3 aus.

5.3 Bestimmung der Parameter der Verschleißfunktion

Sollen die Parameter durch Einsetzen von Meßwerten in Gleichung 86 bestimmt werden, so ergibt sich ein nichtlineares Gleichungssystem, das geschlossen nicht lösbar ist. Das für die näherungsweise Lösung dieses Gleichungssystems eingesetzte Programmsystem GLS (General least squares) gestattet es, Polynome oder Exponentialfunktionen höheren Grades mittels der Gauß'schen Methode der kleinsten Quadrate [156] durch Parametervariation so an die Meßwerte anzunähern, daß der Fehler minimal wird. Werden die Parameter P1* - P3* der Gleichung 86 anhand der Meßwerte, die Bild 69 zugrunde liegen, nach obigem Verfahren bestimmt und in doppeltlogarithmischer Darstellung über der Schnittgeschwindigkeit aufgetragen (Bild 96), so lassen sich zunächst folgende Aussagen machen:

1. P1* ist unabhängig von v_c

2. Die v_c-Abhängigkeit von P2* und P3* läßt sich in doppeltlogarithmischer Darstellung durch eine Ausgleichsgerade beschreiben, deren Annäherung an die exakten Werte für betriebliche Anwendungen hinreichend genau ist.

Es gilt demnach:

$$P2^* = C2 \cdot v_c^{n_2} \tag{87}$$

und

$$P3^* = C3 \cdot v_c^{n_3} \tag{88}$$

Wird Gleichung 87 und 88 in 86 eingesetzt, so ergibt sich eine Verschleißfunktion, die es gestattet, den Freiflächenverschleiß bei vorgegebenem Werkstoff und bekannter Schneidteilgeometrie für beliebige v_c/f_z-Kombinationen zu berechnen.

$$VB = P1^{*} \cdot (e^{C2 \cdot v_c^{n_2} \cdot i} - e^{-C3 \cdot v_c^{n_3} \cdot i}) \qquad (89)$$

Die Konstanten dieser Gleichung können Bild 96 entnommen
werden.

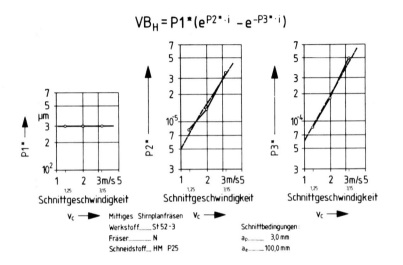

Bild 96: Parameter der Verschleißfunktion in Abhängigkeit
von der Schnittgeschwindigkeit

In Bild 97 sind die Ausgleichsgeraden der Parameter $P2^{*}$ und
$P3^{*}$ als Funktion der Schnittgeschwindigkeit für verschiedene
Werkstoffe und Schneidteilgeometrien dargestellt.
Da für Schnittzahlen $i > 3 \cdot 10^{4}$ der Einfluß des zweiten Terms
in Gleichung 86 auf den Funktionswert vernachlässigbar klein
ist, kann zur qualitativen Beschreibung des Verschleißverhaltens verschiedener Werkstoff-Schneidteil-Kombinationen allein
$P2^{*}$ herangezogen werden (Bild 97a).

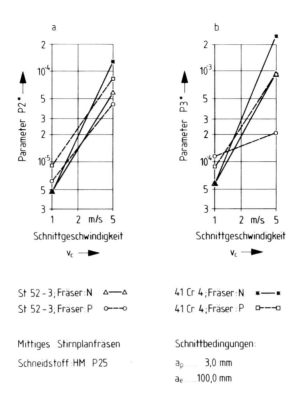

St 52-3; Fräser:N △——△   41 Cr 4; Fräser:N ✳——✳
St 52-3; Fräser:P o——o   41 Cr 4; Fräser:P □——□

Mittiges Stirnplanfräsen   Schnittbedingungen:

Schneidstoff:HM P25 a_p ... 3,0 mm
                                 a_e ... 100,0 mm

<u>Bild 97:</u> Schnittgeschwindigkeitsabhängigkeit der Parameter
         P2* und P3*

Unter diesen Voraussetzungen können aus Bild 97a folgende
Gesetzmäßigkeiten für das Freiflächenverschleißverhalten abgeleitet werden:

1. Der Freiflächenverschleiß steigt mit zunehmender
   Härte des Werkstoffs.

2. Es läßt sich ein werkstoffabhängiger Grenzwert für
   v_c angeben, unterhalb dessen für die Negativplatte
   und oberhalb dessen für die Positivplatte mit geringerem Freiflächenverschleiß zu rechnen ist.

Der Grund für das in Punkt 2 geschilderte Verhalten ist darin zu suchen, daß die Negativplatte zwar einen aus tribologischer Sicht gesehen, stabileren Schneidteil besitzt als die Positivplatte, die Spanfläche der Negativplatte jedoch einer wesentlich größeren Temperaturbelastung ausgesetzt ist als die der Positivplatte.
Diese Temperaturerhöhung auf der Spanfläche wirkt sich auch auf die Freifläche aus und führt dort zu einer Härteminderung des Schneidstoffs und damit zu einem erhöhten Freiflächenverschleiß.

Dieses günstige Verhalten der Positivplatte bei hohen Schnittgeschwindigkeiten bezieht sich jedoch ausschließlich auf den Freiflächenverschleiß.

Aus diesen Aussagen darf demnach nicht gefolgert werden, daß die Positivplatte bei hohen Schnittgeschwindigkeiten generell das günstigere Standverhalten hat, da das Standverhalten außer durch Frei- und Spanflächenverschleiß auch durch die mechanische Belastbarkeit des Schneidteils beeinflußt wird.

5.4 Gegenüberstellung gemessener und berechneter Verschleißkurven

Ist die Schnittgeschwindigkeitsabhängigkeit der Parameter P1* - P3* bekannt, so läßt sich mit Gleichung 86 oder 89 das VB = f(i)-Diagramm für die gewählten Randbedingungen zeichnen (Bild 98).

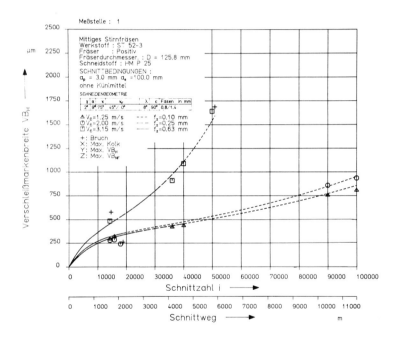

Bild 98: Gegenüberstellung von gemessener und errechneter Verschleißmarkenbreite

In dieser Darstellungsart werden die errechneten VB-Werte den Meßwerten gegenübergestellt, wobei aus Gründen der Übersichtlichkeit lediglich die zwei letzten Meßpunkte jeder v_c/f_z-Kombination eingezeichnet wurden (vergl. Bild 69 und 72).

Wird aus dieser Darstellungsart durch Anwendung von Gleichung 66 in das VB = $f(l_{f_z})$-Diagramm übergegangen, so erhält man die in Bild 99 bzw. 100 dargestellte Kurvenschar. Auch in dieser Darstellung wird der berechnete Kurvenverlauf mit den Meßwerten aus den Fräsversuchen verglichen.

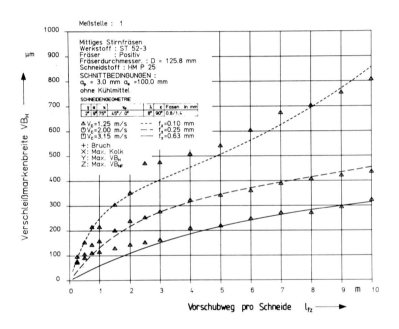

<u>Bild 99:</u>   Gegenüberstellung von gemessener und errechneter Verschleißmarkenbreite bei v_c = 1,25 m/s

Diese Vergleiche haben gezeigt, daß sich das Freiflächenverschleißverhalten beim Fräsen durch Gleichung 86 beschreiben läßt.
Innerhalb des Gültigkeitsbereichs der Gleichung 86 lassen sich nun Verschleißkurven für beliebig viele v_c/f_z-Kombinationen errechnen.

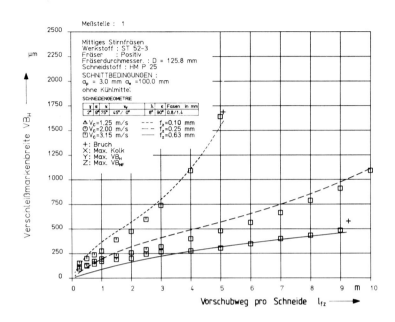

Bild 100: Gegenüberstellung von gemessener und errechneter
Verschleißmarkenbreite bei v_c = 3,15 m/s

Für die Anwendungen in der industriellen Praxis wird durch
Vorgabe eines beliebigen Standkriteriums VB = const. die
Standzeit als Funktion der Schnittgeschwindigkeit oder des
Vorschubs dargestellt.
Allgemein gilt:

$$T = \frac{L_{fz}}{v_f} \tag{90}$$

Mit Gleichung 26 und 66 ergibt sich:

$$T = C \cdot \frac{i}{v_c} \tag{91}$$

mit

$$C = \frac{\pi \cdot D}{z} \tag{92}$$

Das bedeutet: Bei vorgegebenem Werkzeug ist die Standzeit T
direkt proportional zur Schnittzahl i und umgekehrt proportional zur Schnittgeschwindigkeit.
Die Standzeitkurven sind demnach im untersuchten v_c/f_z-
Intervall unabhängig von f_z.

Da Gleichung 86 oder 89 nicht geschlossen nach i aufzulösen
sind, muß die Bestimmung der Schnittzahlen entweder graphisch
oder numerisch iterativ erfolgen.
Die Form der so ermittelten Kurven läßt sich jedoch unter
bestimmten Voraussetzungen durch eine Kurvendiskussion ab-
schätzen:

Für $i > 3 \cdot 10^4$ gilt:

$$\left| e^{-P3^* \cdot i} \right| \ll 1 \tag{93}$$

Gleichung 86 vereinfacht sich somit zu:

$$VB = P1^* \cdot e^{P2^* \cdot i} \tag{94}$$

Nach Auflösen nach i und mit Gleichung 87

$$T = C \cdot v_c^{-(1+n_2)} \tag{95}$$

Die T-v_c-Beziehung in doppeltlogarithmischer Darstellung ergibt demnach beim Fräsen unter den beschriebenen Randbedingungen und für Standkriterien, die eine Schnittzahl $i > 3 \cdot 10^4$
bedingen, Taylor-ähnliche Geradenscharen, deren Ordinaten-
schnittpunkt durch C und deren Steigung durch n_2 bestimmt
wird.

Diese letztgenannte Aussage gilt allerdings nur unter der
Voraussetzung, daß sich Parameter $P3^*$ in Bild 96 exakt durch
eine Gerade entsprechend Gleichung 87 darstellen läßt.

Treten hiervon Abweichungen auf, so ist auch die T-v$_c$-Bezie-
hung in doppeltlogarithmischer Darstellung durch eine Gerade
nicht zu beschreiben.
Bild 101 zeigt, daß das Standzeitverhalten beim Fräsen im
T-v$_c$-Diagramm nur in Ausnahmefällen durch eine Gerade darstellbar ist. Ein derartiges Standverhalten ist mit Taylor
[61] nicht darstellbar, wohl aber mit Gleichung 86.

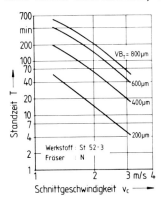
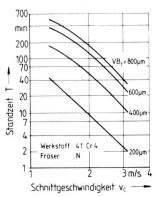
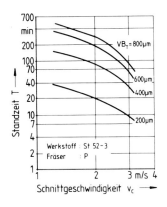
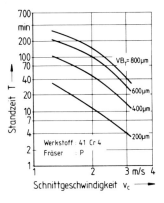

Mittiges Stirnplanfräsen
Schneidstoff: HM P 25

Schnittbedingungen:
a$_p$ = 3,0 mm
a$_c$ = 100 mm
ohne Kühlschmiermittel

Bild 101: T-v$_c$-Diagramme für verschiedene Werkstoffe und
Schneidteilgeometrien beim Stirnplanfräsen

5.5 <u>Kurzprüfverfahren zur Berechnung des Freiflächen-</u>
<u>verschleißes für die Anwendung in der Praxis</u>

Für die Anwendung der Verschleißfunktion in der betriebli-
chen Praxis ist die rechnerunterstützte Ermittlung der Parameter P1* bis P3* der Gleichung 86 denkbar ungeeignet.
Es wäre demnach wünschenswert, wenn die Parameter relativ
einfach berechnet werden könnten. Dem steht zunächst entge-
gen, daß das Gleichungssystem, das sich ergibt, wenn drei
verschiedene Meßpunkte einer VB-Kurve in Gleichung 86 eingesetzt werden (Bild 102), elementar nicht lösbar ist:

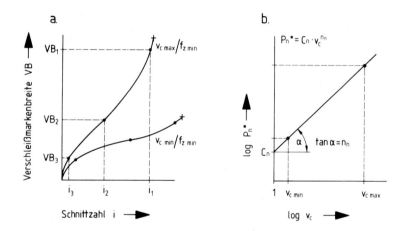

Bild 102: Kurzprüfverfahren zur Ermittlung der Parameter
der Verschleißfunktion

$$VB_1 = P1^* \cdot (e^{P2^* \cdot i_1} - e^{-P3^* \cdot i_1}) \qquad (96)$$

$$VB_2 = P1^* \cdot (e^{P2^* \cdot i_2} - e^{-P3^* \cdot i_2}) \qquad (97)$$

$$VB_3 = P1^* \cdot (e^{P2^* \cdot i_3} - e^{-P3^* \cdot i_3}) \qquad (98)$$

Eine Diskussion der Gleichung 86 zeigt, daß für $i > 3 \cdot 10^4$

$$\left| e^{-P3^* \cdot i} \right| \ll 1 \tag{99}$$

gilt.

Das o.g. Gleichungssystem vereinfacht sich unter Annahme von 99 zu:

$$VB_1 = P1^* \cdot e^{P2^* \cdot i_1} \tag{100}$$

$$VB_2 = P1^* \cdot e^{P2^* \cdot i_2} \tag{101}$$

$$VB_3 = P1^* \cdot (e^{P2^* \cdot i_2} - e^{-P3^* \cdot i_3}) \tag{102}$$

Dieses Gleichungssystem ist elementar lösbar:
Division von 100 durch 101 ergibt:

$$\frac{VB_1}{VB_2} = \frac{e^{P2^* \cdot i_1}}{e^{P2^* \cdot i_2}} \tag{103}$$

$$P2^* = \frac{\ln \frac{VB_1}{VB_2}}{i_1 - i_2} \tag{104}$$

Aus 100 ergibt sich:

$$P1^* = \frac{VB_1}{e^{P2^* \cdot i_1}} \tag{105}$$

Durch Umwandlung von 102 erhält man:

$$P3^* = - \frac{\ln(e^{P2^* \cdot i_3} - \frac{VB_3}{P1^*})}{i_3} \tag{106}$$

Aufgrund dieser Zusammenhänge läßt sich ein Kurzprüfverfahren entwickeln, dessen Ablauf im Folgenden beschrieben wird:

1. Festlegen des für die vorliegende Bearbeitungsaufgabe möglichen v_c/f_z-Bereichs

$$v_c \text{ max} \longleftrightarrow v_c \text{ min}$$

$$f_z \text{ max} \longleftrightarrow f_z \text{ min}$$

2. Zur Bestimmung der Parameter und ihrer v_c-Abhängigkeit müssen zwei Verschleißversuche mit folgenden v_c/f_z-Kombinationen gefahren werden (Bild 102a):

    a) $v_c \text{ min}/f_z \text{ min}$

    b) $v_c \text{ max}/f_z \text{ min}$

Der minimale Vorschub wird hier gewählt, um zu erreichen, daß sich die VB = f(i)-Kurve bis in große i-Bereiche erstreckt, bevor das Standzeitende erreicht ist.

3. Die drei Stützstellen sollten so ausgewählt werden, daß gilt:

$$i_1 > i_2 > i_3$$

$$i_3 < 3 \cdot 10^4 < i_2$$

$$(i_1 - i_2) \longrightarrow \text{max}$$

4. Anschließend werden die mit den Gleichungen 104 - 106 errechneten Parameter P1 bis P3* in doppeltlogarithmischer Darstellung über v_c aufgetragen (Bild 102b) und die Konstanten C_n und n_n der Gleichungen 87 - 89 bestimmt.

5. Mit Gleichung 89 lassen sich somit sämtliche
   VB = $f(l_{f_z})$-Kurven errechnen, deren Parameter im Bereich

$$v_{min} \leq v_c \leq v_{max}$$

$$f_{z\,min} \leq f_z \leq f_{z\,max}$$

   liegen.

Das Verfahren liefert immer dann relativ genaue Ergebnisse,
wenn

a) das Verschleißverhalten der jeweiligen Werkstoff/
   Schneidstoff-Kombination in der VB = f(i)-Darstellung
   unabhängig vom Vorschub ist.

b) die Abhängigkeit der Parameter P1 , P2 und P3 (Gleichung 89) von der Schnittgeschwindigkeit in doppeltlogarithmischer Darstellung durch eine Ausgleichsgerade
   beschrieben werden kann.

Werden diese Forderungen in guter Näherung eingehalten, so
können mit Hilfe des Kurzprüfverfahrens VB-Kurven errechnet
werden, deren Abweichung von den exakten Werten in relativ
engen Grenzen liegt:

$$\Delta VB < \pm 3\ \%$$

6. ZUSAMMENFASSUNG

Da eine Prozeßlenkung mit ACO-Systemen beim Fräsen wegen der fehlenden Verschleißsensoren derzeit nur in Ausnahmefällen möglich ist, muß die Verfahrensverbesserung mittels Festwertoptimierung vorgenommen werden. Einen Beitrag zur Bereitstellung und Handhabung der hierzu notwendigen Einstellwerte zu liefern, war das erste Ziel dieser Arbeit.

Es hat sich gezeigt, daß die Abhängigkeit der Zerspankraftkomponenten von der Spanungsdicke in doppeltlogarithmischer Darstellung gut durch eine Ausgleichsgerade darzustellen ist. Das bedeutet, daß die von Kienzle und Victor formulierte Gleichung beim Fräsen angewandt werden darf, wenn die Konstanten dieser Gleichung aufgrund von Fräsversuchen ermittelt wurden. Die Übertragung dieser Konstanten auf andere Fräsverfahren ist möglich.

Der verschleißbedingte Anstieg der Zerspankraft kann für beliebige Eingriffswinkel berechnet werden, wenn ein konstanter Vorschub vorausgesetzt wird.

Die mechanische Schneidteilbeanspruchung wurde für unterschiedliche Schneidteilgeometrien und Verschleißzustände mittels der Methode der Finiten Elemente berechnet. Aus diesen Ergebnissen konnten aufschlußreiche Erkenntnisse über die Spannungsverhältnisse im Innern der Schneidplatte, über den Einfluß der Klemmkräfte und über das Verschleiß- und Bruchverhalten des Werkzeugs abgeleitet werden. Es konnten Richtlinien zur Auswahl von geeigneten Winkeln am Schneidteil angegeben werden, die unter Berücksichtigung des Spanbildungsvorgangs und der mechanischen Schneidteilbeanspruchung optimiert sind.

Die Berechnung der temperaturbedingten Spannungen ergab, daß Risse im Schneidteil nur während der Abkühlphase

entstehen und wachsen können. Die Größe der Oberflächendefekte, die zur Rißentstehung notwendig ist, und die mögli-
che Ausdehnung der Risse senkrecht zur Spanfläche wurden
mittels des örtlichen Spannungsintensitätsfaktors abgeschätzt und mit Versuchsergebnissen verglichen.
Der Einsatz von Kühlschmiermittel beim Fräsen führte zu negativen Ergebnissen. Einerseits erhöht die Verringerung der
Umformtemperatur die Zerspankraftkomponenten, während andererseits die Standwege drastisch reduziert werden.
Anhand von Verschleißuntersuchungen wurden Richtlinien zur
Auswahl repräsentativer Verschleißmeßstellen erarbeitet.
Die Gesetzmäßigkeiten der beim Fräsen wirkenden Verschleiß-
mechanismen wurden analysiert und das Verschleißwachstum in
Diagrammen dargestellt.

Da der Freiflächenverschleiß im Vergleich zum Kolkverschleiß eher einer funktionalen Beschreibungsmöglichkeit zu-
gänglich ist, wurde auf der Basis der Wachstumsgesetze des
Freiflächenverschleißes sowie des Beanspruchungsverhaltens
des Schneidteils ein Verschleißmodell entwickelt, das es
gestattet, das Freiflächenverschleißverhalten beim Fräsen
auf mathematischem Wege zu beschreiben.
Dieses Modell kann ohne wesentlichen Genauigkeitsverlust so
vereinfacht werden, daß es mit Hilfe eines Kurzprüfverfahrens an die aktuellen Randbedingungen angepaßt werden kann.

7. SCHRIFTTUM

1. Weck, M.
   Eversheim, W.
   König, W.
   Pfeifer, T.

   Fortschrittliche Produktionstechnik
   VDI-Zeitschrift 123 (1981) 7,
   S. 245 - 248

2. DIN 8580
   Teil 2

   Fertigungsverfahren, Übersicht
   Entwurf Mai 1978

3. Schröder, H.J.

   Die Gesetzmäßigkeiten beim Fräsen
   Dissertation TH Braunschweig, 1939

4. Piepenbrink, R.

   Kräfte und Eingriffsverhältnisse an
   Stirn- und Walzenfräsern
   Dissertation TH Aachen, 1956

5. Lehwald, W.

   Prüfung von Hartmetallen im Hinblick
   auf die Schneidenbeanspruchung beim
   unterbrochenen Schnitt
   Dissertation TH Aachen, 1962

6. Klein, H.H.

   Fräsen
   Springer-Verlag Berlin, 1974

7. Jonsson, H.

   Die Verwendung von Hartmetall-Schneid-
   platten beim unterbrochenen Schnitt
   TZ f. prakt. Metallbearbeitung
   68 (1974) 4, S. 139 - 142

8. Bellmann, B.
   Sack, W.

   Schneidstoff - Entwicklungsstand und
   Anwendung
   Werkstatt und Betrieb 108 (1975) 5,
   S. 257 - 271

9. König, W.   Untersuchung moderner Schneidstoffe
   Schemmel, H.U.   Beanspruchungsgerechte Anwendung sowie
                      Verschleißursachen
                      Forschungsbericht des Landes
                      Nordrhein-Westfalen, Nr. 2472,
                      Westdeutscher Verlag Opladen, 1975

10. Spur, G.   Handbuch der Fertigungstechnik
    Stöferle, Th.   Band 3/1, Spanen
                      Carl Hanser Verlag München, 1979

11. Victor, H.R.   Zerspankennwerte
                      Industrie-Anzeiger 98 (1976) 102,
                      S. 1825 - 1830

12. Philipp, H.   Über das Messen von Schnittkräften
                      und die Spanbildung beim Fräsvorgang
                      Dissertation TH Darmstadt, 1959

13. Sabberwal, A.J.P. Cutting Forces in Down Milling
                      Int. J. Mach. Tool Des. Res.
                      Vol. 2, S. 27 - 41

14. Sabberwal, A.J.P. Chip Section and Cutting Forces during
                      the Milling Operation
                      CIRP Annalen, Bd. X, 3, S. 198

15. Mayer, K.   Schnittkraftmessungen an der rotieren-
                      den Fräserschneide
                      Dissertation Universität Stuttgart (TH),
                      1968

16. Meyer, K.F.   Vorschub- und Rückkräfte beim Drehen
                      mit Hartmetallwerkzeugen
                      Dissertation TH Aachen, 1963

17. Siebel, H.　　　　Untersuchungen über das Stirnfräsen
　　　　　　　　　　von Stahl mit Hartmetall
　　　　　　　　　　Dissertation TH Aachen, 1958

18. König, W.　　　　Zusammenhang zwischen Schnittkraft,
　　Langhammer, K.　Verschleiß und Oberflächengüte bei der
　　　　　　　　　　spanenden Bearbeitung im Hinblick auf
　　　　　　　　　　eine adaptive Prozeßregelung
　　　　　　　　　　Forschungsberichte des Landes
　　　　　　　　　　Nordrhein-Westfalen Nr. 2286,
　　　　　　　　　　Westdeutscher Verlag Opladen, 1972

19. Sadowy, M.　　　Schnittkräfte, Verschleiß und Stand-
　　Ohlemacher, W.　zeit beim Drehen einer siliziumhaltigen
　　　　　　　　　　Aluminiumlegierung
　　　　　　　　　　TZ f. prakt. Metallbearbeitung
　　　　　　　　　　64 (1970) 6, S. 277 - 286

20. Burmester, H.J.　Verschleißmarkenbreite und Standzeit
　　　　　　　　　　beim Drehen
　　　　　　　　　　Werkstatttechnik und Maschinenbau
　　　　　　　　　　40 (1950) 12, S. 415 - 419

21. Takeyama, H.　　One approach for optimizing control in
　　Sekijudin, H.　　metal cutting
　　Takada, K.　　　Annals of the CIRP, Vol. XVII

22. Primus, J.F.　　Beitrag zur Kenntnis der Spannungs-
　　　　　　　　　　verteilungen in den Kontaktzonen von
　　　　　　　　　　Drehwerkzeugen
　　　　　　　　　　Dissertation TH Aachen, 1969

23. Betaneli, I.A.　Belastung der Werkzeugschneide während
　　　　　　　　　　des Spanens
　　　　　　　　　　Maschinenmarkt 76 (1970) 55,
　　　　　　　　　　S. 1236 - 1238

24. Zorew, N.N.   Spannungszustand in der Schnittzone
Annals of the CIRP, Vol. XIV,
S. 337 - 346

25. Chandrasekaran, H. Photoelastic Analysis of Tool-Chip
    Kapoor, D.V.   Interface Stresses
Journal of Engineering for Industry
(1965) 11, S. 495 - 502

26. Kattwinkel, W.   Untersuchungen an Schneiden spanen-
der Werkzeuge mit Hilfe der
Spannungsoptik
Dissertation TH Aachen, 1957

27. Loladze, T.N.   Abhängigkeit des Werkzeugverschleißes
von den Schnittbedingungen bei der
spanabhebenden Bearbeitung
Industrie-Anzeiger 89 (1967) 58,
S. 1295 - 1300

28. Gallagher, R.H.   Finite-Element-Analysis
Springer-Verlag
Berlin, Heidelberg, New York, 1976

29. Argyris, J.H.   Computer oriented research in a
    Patton, P.C.   university milieu
Appl. Mech. Rev., 19 (1966),
S. 1029 - 1039

30. Argyris, J.H.   Energy theorems and structural
    Kelsey, S.   analysis
London, Butterworth, 1960

31. Zorew, N.N.   Zyklische Festigkeit des Schneid-
werkzeuges
Annals of the CIRP,
Vol. 23 (1974) 1, S. 23 - 24

32. Pekelharing, A.J.   The Exit Failure in Interrupted
Cutting
Annals of the CIRP, Vol. 27 (1978),
S. 5 - 10

33. Kragelski, I.W.   Reibung und Verschleiß
Carl Hanser Verlag München, 1971

34. Bowden, F.P.
Tabor, D.   Reibung und Schmierung fester Körper
Springer-Verlag
Berlin, Göttingen, Heidelberg, 1959

35. Krause, H.
Poll, G.   Mechanik der Festkörperreibung
VDI-Verlag Düsseldorf, 1980

36. Braun, E.D.   Möglichkeiten der Theorie der physi-
kalischen Modellierung beschleunigter
Reibungs- und Verschleißversuche
Schmierungstechnik 7 (1976) 5,
S. 134 - 137

37. Wuttke, W.   Modelluntersuchungen für Reibungs-
und Verschleißprozesse bei Verfahren
der Massivumformung
Schmierungstechnik 7 (1976) 12,
S. 365 - 371

38. Czichos, H.
Habig, K.H.   Tribologische Werkstoffbeanspruchun-
gen - Wesen, Beispiele und Untersu-
chungsmethoden
Z. für Werkstofftechnik 3 (1972) 2,
S. 89 - 92

39. Czichos, H.   Die systemtechnischen Grundlagen der
Tribologie
Schmiertechnik + Tribologie,
24 (1977) 5, S. 109 - 113

40. Gappisch, M.   Spanbildung und Werkzeugverschleiß
    Schilling, W.   bei der Bearbeitung von Stahl mit
                      Hartmetalldrehwerkzeugen
                      Industrie-Anzeiger 84 (1962) 89,
                      S. 2109 - 2114

41. Axer, H.   Über die Ursachen des Verschleißes
                      an Hartmetall-Drehwerkzeugen
                      Dissertation TH Aachen, 1956

42. Ehmer, H.J.   Beitrag zur Ermittlung der Gesetz-
                      mäßigkeiten und Ursachen des Frei-
                      flächenverschleißes an Hartmetall-
                      drehwerkzeugen
                      Dissertation TH Aachen, 1970

43. Opitz, H.   Beobachtungen über den Verschleiß
    Ostermann, G.   an Hartmetallwerkzeugen
    Grappisch, H.   Forschungsbericht des Landes
                      Nordrhein-Westfalen Nr. 668,
                      Westdeutscher Verlag Opladen. 1958

44. Focke, A.E.   Wear of Superhard Materials when
                      Cutting Superalloys Wear of Materials,
                      The American Society of Mechanical
                      Engineers, New York, 1977

45. Düniss, W.   Trennen - Spanen und Abtragen
    Neumann, M.   VEB Verlag Technik, Berlin,
    Schwartz, H.   1969

46. Loladze, T.N.   Tribology of Metal Cutting and
                      Creation of New Tool Materials
                      Annals of the CIRP, Vol. 25 (1976) 1,
                      S. 83 - 88

47. König, W.   Der Verschleiß an spanenden Werk-
                       zeugen und Möglichkeiten seiner
                       Minderung
                       Materialprüfung 9 (1967) 5,
                       S. 170 - 174

48. Schaller, E.   Einfluß der Diffusion auf den Ver-
                       schleiß von Hartmetallwerkzeugen bei
                       der Zerspanung von Stahl
                       Industrie-Anzeiger 87 (1965) 9,
                       S. 137 - 142

49. Ostermann, G.   Neuere Erkenntnisse über die Ursachen
                       des Verschleißes auf der Spanfläche
                       von Hartmetall-Drehwerkzeugen
                       Dissertation TH Aachen, 1960

50. König, W.   Der Werkzeugverschleiß bei der
                       spanenden Bearbeitung von Stahlwerk-
                       stoffen
                       Werkstattstechnik 56 (1966) 5,
                       S. 229 - 234

51. Opitz, H.   Untersuchungen über den Einsatz von
    Lehwald, W.   Hartmetallen beim Fräsen
                       Forschungsbericht des Landes
                       Nordrhein-Westfalen Nr. 1146,
                       Westdeutscher Verlag Opladen, 1963

52. Opitz, H.   Untersuchungen über den Einsatz von
    Lehwald, W.   Hartmetallen beim Schrupp- und
    Neumann, W.D.   Schlichtfräsen von Stahl mit Messer-
                       köpfen
                       Forschungsbericht des Landes
                       Nordrhein-Westfalen Nr. 1676,
                       Westdeutscher Verlag Opladen, 1966

53. Andreev, G.S.   Thermal phenomena in intermittent
                         cutting
                         Russian Engineering Journal,
                         Vol. L III, No. 9, S. 69 - 72

54. König, W.   Übertragung der beim Drehen ermittel-
    Witte, L.   ten spezifischen Zerspankraftkenn-
                         größen auf das Aufbohren
                         HGF-Forschungsbericht 79/51,
                         Industrie-Anzeiger 101 (1979) 82,
                         S. 39 - 40

55. Küsters, K.J.   Temperaturen im Schneidkeil spanender
                         Werkzeuge
                         Dissertation TH Aachen, 1956

56. Okushima, K.   Study on Carbide Milling
    Hoshi, T.   (Mainly on the Thermal Crack)
                         Dept. of. Precision Mechanics,
                         Fac. of Engineering, Kyoto 1961

57. Meyer, K.F.   Untersuchungen an keramischen Schneid-
                         stoffen
                         Industrie-Anzeiger 84 (1962) 11,
                         S. 183 - 188

58. Pekelharing, A.J.   A Story about the Cracking of
                         Ceramic Tools when cutting Steel
                         CIRP Generalversammlung
                         Ref. XI, Prag 1961

59. Essel, K.   Analyse der Standzeitgleichungen
    Hänsel, W.   Industrie-Anzeiger 94 (1972) 5,
                         S. 92 - 93

60. Victor, H.R.   Mathematische Methoden zur Beschrei-
    Müller, M.   bung von Verschleißvorgängen -
                      Möglichkeiten und Grenzen
                      In Vorbereitung

61. Taylor, F.W.   On the art of Cutting Metals
                      Trans. ASME, 28 (1907),
                      S. 31 - 350

62. Shaw, M.C.   Wirtschaftlichkeitsbetrachtungen für
                      die spanende Bearbeitung
                      Industrie-Anzeiger, 79 (1957) 56,
                      S. 847 - 851

63. Hirsch, B.   Ein System zur Ermittlung von Zer-
                      spanungsvorgabewerten, insbesondere
                      bei rechnergestützter Programmierung
                      von numerisch gesteuerten Drehmaschi-
                      nen
                      Dissertation TH Aachen, 1969

64. Kuljanic, E.   Effect of Stiffness on Tool Wear and
                      New Tool Life Equation
                      Journal of Engineering for Industry
                      Vol. 97 (1975), S. 939 - 944

65. Kuljanic, E.   An Investigation of Wear in Single-
                      Tooth and Multi-Tooth Milling
                      Int. J. Mach. Tool Des. Res.
                      Vol. 14 (1974), S. 95 - 109

66. Degenhardt, U.   Grundlagen zur Optimierung der Zer-
                      spanungsbedingungen unter besonderer
                      Berücksichtigung des Werkzeugver-
                      schleißes
                      Dissertation TH Aachen, 1968

- 223 -

67. Woxen, R.   A Theory and an Equation for the Life
                 of Lathe Tools
                 Ingeniorsvetenskapsakademien,
                 Handlingar 119, Stockholm 1932

68. Colding, B. A Three-Dimensional Tool-Life
                 Equation - Machining Economics
                 Journal of Engineering for Industry
                 Vol. 81 (1959), S. 239 - 250

69. Colding, B. Validity of the Taylor Equation in
    König, W.   Metal Cutting
                 Annals of the CIRP, Vol. 19 (1971)
                 S. 793 - 812

70. Depiereux, W.R. Die Ermittlung optimaler Schnittbe-
                 dingungen, insbesondere im Hinblick
                 auf die wirtschaftliche Nutzung
                 numerisch gesteuerter Werkzeugma-
                 schinen
                 Dissertation TH Aachen, 1969

71. Kamm. H.   Beitrag zur Optimierung des Messer-
                 kopffräsens
                 Dissertation Universität Karlsruhe
                 (TH), 1977

72. Cuntz, H.   Automatische Datenerfassungsanlage
    Kamm, H.   für Fräsversuche
                 HGF-Forschungsbericht 76/13,
                 Industrie-Anzeiger 98 (1976) 17/18,
                 S. 291 - 292

73. Kamm H.   Kapazitiver Verschleißsensor für das
    Müller, M.   Messerkopffräsen
                 HGF-Forschungsbericht 75/66,
                 Industrie-Anzeiger 97 (1975) 73,
                 S. 1602 - 1603

74. N.N.   Unterlagen für die Arbeitsgruppe
                          ISO/TC 29/WG 22, N 126

75. Victor, H.   Schnittkraftberechnungen für das
                          Abspanen von Metallen
                          wt.-Z. ind. Fertigung, 59 (1969) 7,
                          S. 317 - 327

76. DIN 8589   Fertigungsverfahren Spanen; Fräsen
    Teil 3   Einordnung, Unterteilung, Begriffe
                          Entwurf Februar 1979

77. Ludwig, R.   Methoden der Fehler und Ausgleichs-
                          rechnung
                          Vieweg Verlag, Braunschweig, 1969

78. DIN 1319   Grundbegriffe der Meßtechnik
    Teil 3   Januar 1972

79. Samuels, J.   Measurements of Crater Wear Using
                          Replica Molds
                          Annals of the CIRP, Vol. 25 (1976) 1,
                          S. 77 - 81

80. König, W.   Fertigungsverfahren
                          Band 1; Drehen, Fräsen, Bohren
                          VDI-Verlag, Düsseldorf, 1981

81. Dohmen, H.G.   Zusammenfassung und Vergleich der
                          zerspanungsmechanischen Theorien
                          Industrie-Anzeiger 87 (1965) 43,
                          S. 125 - 130

82. Vieregge, G.   Zerspanung der Eisenwerkstoffe
                          Verlag Stahleisen,
                          Düsseldorf, 1970

83. Warnecke, G.   Spanbildung bei metallischen Werk-
                     stoffen
                     Fertigungstechnische Berichte, Band 2
                     Resch, Gräfelfing, 1974

84. Kronenberg, M.   Grundzüge der Zerspanungslehre
                     Band 1
                     Springer-Verlag
                     Berlin, Göttingen, Heidelberg, 1954

85. Kienzle, O.   Die Bestimmung von Kräften und
                     Leistungen an spanenden Werkzeugma-
                     schinen
                     VDI-Z. 94 (1952) 11/12
                     S. 299 - 305

86. Victor, H.   Beitrag zur Kenntnis der Schnittkräfte
                     beim Drehen, Hobeln und Bohren
                     Dissertation TH Hannover, 1956

87. Friedrich, H.   Über die Wärmevorgänge beim Span-
                     schneiden und die vorteilhaftesten
                     Schnittgeschwindigkeiten
                     VDI-Z. 58 (1914) 10, S. 379 - 383
                            58 (1914) 11, S. 417 - 422
                            58 (1914) 12, S. 454 - 458

88. Klein, W.   Versuch einer einheitlichen Darstel-
                     lung der Kräfteverhältnisse bei ver-
                     schiedenen Zerspanungsarten
                     Dissertation TH Berlin, 1938

89. Zorew, N.N.   Metal cutting mechanics
                     Pergamon Press, Oxford, 1966

---

90. Richter, A.   Die Zerspankräfte beim Drehen im Bereich des Fließspans
Wiss. Z. der TH Dresden, 2 (1952/53) 4, S. 651; 2 (1952/53) 5, S. 72

91. Sadowy, M.; Käss, P.   Bestimmung eines Schnittkraftgesetzes für das Drehen und Hobeln durch Variation der Parameter
VDI-Z. 111 (1969) 16, S. 1160 - 1166

92. Klicpera, U.   Überwachung des Werkzeugverschleißes mit Hilfe der Zerspankraftrichtung
Verlag G. Großmann, Stuttgart, 1976

93. Opferkuch, R.   Die Werkzeugbeanspruchung beim Räumen
Dissertation Universität Karlsruhe (TH), 1981
wbk-Forschungsberichte, Band 5
Springer-Verlag
Berlin, Heidelberg, New York, 1981

94. Bellmann, B.; Sack, W.   Fräswerkzeuge mit Wendeschneidplatten
Werkstatt und Betrieb, 109 (1976) 5, S. 249 - 259

95. König, W.; Essel, K.   Spezifische Schnittkraftkennwerte für die Zerspanung metallischer Werkstoffe
Verlag Stahleisen, Düsseldorf, 1973

96. Sokolowski, A.P.   Präzision in der Metallbearbeitung
VEB Verlag Technik, Berlin, 1955

97. Schack, J.   Das Verhalten der Formänderungsfestigkeit von Eisen-Mangan-Kohlenstoff-Legierungen im Bereich der Blauwärme
Dissertation TH Hannover, 1965

98. Deselaers, L.   Untersuchung der Zerspankraftkomponen-
                           ten beim Umfangsfräsen mit Hartmetall
                           Dissertation Universität Karlsruhe
                           (TH), 1970

99. Macherauch, E.   Praktikum in Werkstoffkunde
                           Vieweg, Braunschweig, 1970

100. Cottrell, A.H.   Dislocations and Plastic Flow in
                           Crystals
                           Oxford University Press, London, 1953

101. Manjoine, M.J.   Influence of Rate of Strain and
                           Temperature on Yield Stresses of Mild
                           Steel.
                           Journal of Applied Mechanics 13 (1944)
                           S. 211 - 218

102. Finckenstein, E.   Ermittlung von Fließkurven für große
                           Formänderungsgeschwindigkeiten und
                           große Formänderungen im Flachstauch-
                           versuch.
                           HGF-Forschungsbericht 70/68
                           Industrie-Anzeiger 92 (1970) 93,
                           S. 2218 - 2219

103. Opitz, H.   Untersuchungen beim Fräsen von Stahl
     Töllner, K.   mit Hartmetallwerkzeugen
     Beckhaus, H.   Forschungsbericht des Landes
                           Nordrhein-Westfalen, Nr. 2023 (1969)
                           Westdeutscher Verlag, Opladen

104. Opitz, H.   Einfluß der Wärmebehandlung von Bau-
     Weber, G.   stählen auf Spanentstehung, Schnitt-
                           kraft und Standzeitverhalten
                           Forschungsbericht des Landes
                           Nordrhein-Westfalen, Nr. 215 (1956)
                           Westdeutscher Verlag, Opladen

105. Kienzle, O.   Einfluß der Wärmebehandlung von
     Victor, H.   Stählen auf die Hauptschnittkraft
                      beim Drehen
                      Stahl und Eisen 74 (1954),
                      S. 530 - 539

106. Opitz, H.   Einfluß der Wärmebehandlung auf die
     Fröhlich, K.H.   Zerspanbarkeit von Einsatz- und
                      Vergütungsstählen
                      Bericht Nr. 1017 des Werkstoffaus-
                      schusses des Vereins Deutscher
                      Eisenhüttenleute, 1956

107. König, W.   Korrelation zwischen Werkstoff und
     Witte, L.   Schnittkraftkennwerten
                      HGF-Forschungsbericht 81/7,
                      Industrie-Anzeiger 103 (1981) 10,
                      S. 34 - 35

108. König, W.   Untersuchung über die Zerspanbarkeit
     Schreitmüller, H. von Werkstoffen beim Einsatz von
                      Hartmetallwerkzeugen - Erstellung
                      von Bewertungskenngrößen auf der
                      Basis von Schnittkraftmessungen.
                      Abschlußbericht zum o.g. Forschungs-
                      vorhaben, Aachen 1974

109. König, W.   Technologische Grundlagen zur Frage
                      der Kühlschmierung bei der spanenden
                      Bearbeitung metallischer Werkstoffe
                      Schmiertechnik (1972) 1,
                      S. 7 - 12

110. Victor, H.   Ermittlung von Zerspankennwerten beim
     Müller, M.   Messerkopffräsen
                      Abschlußbericht zum Forschungsvorha-
                      ben AIF-VDW Nr. 3779, März 1979

111. Victor, H.   Ermittlung von Zerspankennwerten beim
     Müller, M.   Messerkopf- und Walzenfräsen
     Peters, K.   Abschlußbericht zum Forschungsvor-
                       haben VDW 0705, März 1980

112. Schlesinger, G.   Rechnungsgrundlagen zur Ermittlung
                       des Leistungsbedarfes bei Walzen-
                       fräsern
                       Werkstattstechnik 25 (1931) 17,
                       S. 409 - 413

113. Noppen, R.   Berechnung elastischer Verformungen
                       und Spannungen nach der Methode
                       finiter Elemente
                       Verlag W. Girardet, Essen, 1975

114. Hahn, H.G.   Methode der finiten Elemente in der
                       Festigkeitslehre
                       Akademische Verlagsgesellschaft,
                       Frankfurt/Main, 1975

115. Wunderlich, W.   Ein Programmsystem zur linearen sta-
                       tischen und dynamischen Berechnung
                       von Tragwerken.
                       SAP-IV-Beschreibung und -Benutzer-
                       handbuch
                       Technisch-wissenschaftliche Mittei-
                       lungen Nr. 73-3,
                       Ruhr-Universität Bochum, 1973

116. Wellinger, K.   Festigkeitsberechnung
     Dietmann, H.   Kröner Verlag, Stuttgart, 1969

- 230 -

117. Dawihl, W.
Altmeyer, G.
Mal, K.M.

Das Verformungsverhalten von Wolfram-karbid-Kobalt-Legierungen bei Temperaturen bis zu 1000° C
Zeitschrift Metallkunde 54 (1963) 2, S. 66 - 72

118. Jung, O.
Dawihl, W.
Altmeyer, G.

Einfluß von Spannungen auf die Koerzitivfeldstärke, die Rißbildungsarbeit nach Palmquist und das Verschleißverhalten von Hartmetallen
Zeitschrift Metallkunde 61 (1970) 12, S. 898 - 905

119. Bock, H.

Untersuchungen zum Verformungs- und Bruchverhalten von WC-Co-Legierungen
Dissertation, TH Otto v. Guericke, Magdeburg, 1973

120. Carlslaw, H.S.
Jaeger, J.C.

Conduction of Heat in Solids
Clarendon Press, Oxford, 1967

121. Holman, J.P.

Heat Transfer
McGraw-Hill, Kogakusha, 1976

122. Schmidt, E.

Thermodynamik
Springer-Verlag,
Berlin, Göttingen, Heidelberg, 1963

123. Gröber, H.
Erk, S.
Grigull, U.

Wärmeübertragung
Springer-Verlag,
Berlin, Göttingen, Heidelberg, 1963

124. Blauel, J.G.

Thermisch induzierte elastische Spannungen und ihr Einfluß auf Auslösung und Ausbreitung von Brüchen
Dissertation Universität Karlsruhe (TH), 1970

125. Schlünder, E.U.   Einführung in die Wärme- und Stoff-
                        übertragung
                        Vieweg Verlag, Braunschweig, 1975

126. Lehwald, W.   Fragen der Schnittemperatur bei der
                        Zerspanung
                        Industrie-Anzeiger 81 (1959) 62,
                        S. 997 - 1000

127. Lowack, H.   Temperaturen an HM-Drehwerkzeugen
                        bei der Stahlzerspanung
                        Dissertation TH Aachen, 1967

128. Lenz, E.   Temperaturmessung beim Zerspanen
                        wt-Z. f. ind. Fertigung, 54 (1964) 9,
                        S. 422 - 426

129. Lee, Y.   Investigation of Cutting Tool Flank
     Hiramoto, K.   Temperatures
     Fujita, N.   Bull. Japan. Soc. of Prec. Engg.
     Sata, T.   11 (1977) 3, S. 147 - 148

130. Kieffer, R.   Hartmetalle
     Benesovsky, F.   Springer-Verlag, Wien, New York,
                        1965

131. Prakash, L.J.   Weiterentwicklung von Wolframcarbid
                        Hartmetallen unter Verwendung von
                        Eisen-Basis-Legierungen
                        Dissertation Universität Karlsruhe
                        (TH), 1980

132. Zorew, N.N.   Standzeit des Hartmetallwerkzeuges
     Sawiaskin, H.A.   beim unterbrochenen Schnitt mit
                        Dauerzyklen
                        Annals of the CIRP, Vol. 28 (1970),
                        S. 555 - 562

133. Schmidt, W.

Bewertung der Werkstoffkennwerte zur Beschreibung der Festigkeit von Metallen
ZwF, 75 (1980) 12, S. 591 - 602

134. Buda, J.
Vasilko, K.

Heating preserves carbide tool bits taking intermittent cuts
Tecnical Digest (1967) 12,
S. 855 - 859

135. Yellowley, I.
Barrow, G.

The influence of thermal cycling on tool life in peripheral milling
Int. J. Mach. Tool Des. Res.
16 (1967), S. 1 - 12

136. DIN 50 320

Verschleiß - Begriffe, Systemanalyse von Verschleißvorgängen, Gliederung des Verschleißgebietes
Dezember 1979

137. Czichos, H.

Systemanalyse und Physik tribologischer Vorgänge
Teil 1: Grundlagen
Schmiertechnik + Tribologie
22 (1975) 6, S. 126 - 130

138. Habig, K.H.
Czichos, H.

Eine auf der Systemanalyse von Reibungs- und Verschleißvorgängen aufbauende Methodik zur Auswahl von tribotechnischen Werkstoffen
Z. f. Werkstofftechnik (1976) 7,
S. 247 - 251

139. Krause, H.
Scholten, J.

Verschleiß- Grundlagen und systematische Behandlung
Teil 1: VDI-Z, 121 (1979) 15/16
        S. 799 - 806
Teil 2: VDI-Z, 121 (1979) 23/24
        S. 1221 - 1229

140. Shaw, M.C.   Der Verschleiß von Schneidwerkzeugen
     Dirke, S.O.   Microtechnic, Vol. X, No. 4
                         S. 191 - 199

141. Habig, K.H.   Verschleiß und Härte von Werkstoffen
                         Carl Hanser Verlag, München Wien
                         1980

142. Dawihl, W.   Über den Aufbau von Hartmetall-
     Hinnüber, J.   legierungen
                         Kolloid Z. 104 (1943)
                         S. 233 - 236

143. Hinnüber, J.   Hartmetalltechnik und Forschung
     Kinna, W.   Techn. Mitt. Krupp 19 (1961)
                         S. 130 - 153

144. Hinnüber, J.   Die Bedeutung des Cobalts für die
     Rüdiger, O.   Hartmetallindustrie
                         Techn.Mitt. Krupp 20 (1962)
                         S. 162 - 171

145. Exner, H.E.   A Review of Parameters influencing
     Garland, J.   some Mechanical Properties of
                         Tungsten Carbide Cobalt Alloys
                         Powder Met. 13 (1970), S. 13 - 31

146. Burbach, J.   Neue Untersuchungen über das plasti-
                         sche Verhalten und den Bruchvorgang
                         von Hartmetallen
                         Techn. Mitt. Krupp, 26 (1968),
                         S. 71 - 80

147. Irwin, G.R.   Analysis of stresses and strains near
                         the end of a crack traversing a plate
                         J. Appl. Mech., 24 (1957) 361

148. Williams, M.C.   On the stress distribution at the
                       base of a stationary crack
                       J. Appl. Mech., 24 (1957) 109

149. Kerkhof, F.   Bruchvorgänge in Gläsern
                       Verlag der Deutschen Glastechnischen
                       Gesellschaft, 1970

150. Koiter, W.T.   Rectangular Tensile Sheet with
                       Symmetric Edge Cracks
                       J. Appl. Mech. 32

151. Schott, G.   Werkstoffermüdung
                       VEB Deutscher Verlag für Grundstoff-
                       industrie, Leipzig, 1976

152. Andreev, G.S.   Untersuchungen der Wärmeerscheinung
                       im Schneidkeil des Werkzeuges beim
                       unterbrochenen Zerspanen
                       Vestnik masinostroenija, 53 (1973) 9,
                       S. 69 - 73

153. Opitz, H.   Untersuchung der Ursachen des Werk-
     Schaller, E.   zeugverschleißes
                       Forschungsbericht des Landes
                       Nordrhein-Westfalen, Nr. 1572,
                       Westdeutscher Verlag, Opladen, 1966

154. Naerheim, Y.   Diffusion wear of cemented carbide
     Trent, E.M.   tools when cutting steel at high
                       speeds
                       Metals Technology, (1977) 12,
                       S. 548 - 556

155. Weizel, R.   Gewöhnliche Differentialgleichungen
     Weyland, J.   Bibliographisches Institut,
                         Mannheim, 1974

156. Strubecker, K.   Einführung in die höhere Mathematik
                         Oldenbourg Verlag, München, 1966

157. Witte, L.   Spezifische Zerspankräfte beim
                         Drehen und Bohren
                         Dissertation TH Aachen, 1980

Lebenslauf

Persönliches

Name:	Michael Müller
Geboren am:	19. November 1948
Geburtsort:	Weinsberg/Heilbronn
Eltern:	Dipl.-Ing. Johannes Müller und Ehefrau Maria geb. Eisinger
Familienstand:	verheiratet mit Susanne Müller geb. Seubert

Ausbildung

1955 - 1959	Grundschule in Heilbronn
1959 - 1960	Theodor-Heuss-Gymnasium in Heilbronn (humanistisch)
1960 - 1968	Eduard-Spranger-Gymnasium in Landau/Pfalz (altsprachlich)
1968 - 1970	26 Wochen Industriepraktikum in verschiedenen metallverarbeitenden Betrieben
WS 1968/69 - SS 1974	Studium des allgemeinen Maschinenbaus an der Universität Karlsruhe (TH)
15. Juli 1974	Diplomhauptprüfung

Berufstätigkeit

1974 - 1978	Wissenschaftlicher Mitarbeiter
seit 1978	Wissenschaftlicher Angestellter am Institut für Werkzeugmaschinen und Betriebstechnik der Universität Karlsruhe (TH)